a Monsieur

Souvenir,

NOTICE

SUR LES

TRAVAUX SCIENTIFIQUES

DE

M. CHARLES BRONGNIART

NÉ A PARIS LE 11 FÉVRIER 1859

Assistant de la chaire de Zoologie (Animaux articulés) au Muséum d'histoire naturelle

PARIS

LIBRAIRIES-IMPRIMERIES RÉUNIES

MAY ET MOTTEROZ, Dᵗⁱ

Rue Mignon, 2

Charles Brongniart

Docteur ès Sciences

Assistant de Zoologie au Muséum d'Histoire Naturelle

Laboratoire d'Entomologie   9, Rue Linné
                                                Paris

Paris le 29 avril 9f

Cher monsieur,

ma tante H. Mangon me fait
part de votre lettre dans
laquelle vous exprimez des
sentiments si affectueux pour
elle et pour moi. Le tiens
à vous en remercier profondément.
Votre intervention peut beaucoup

On vient de me dire que
Mr Dehérain confondait
mon concurrent Bouvier
avec Mr Gaston Bonnier
gendre de Mr Van Tieghem et
Mr Dehérain a dit que je
n'avais aucune chance par
Mr Bonnier gendre de Mr Van Tie
était très soutenu.

Il fait erreur, et si vous le
voyez dites lui-bien que
Mr Bouvier candidat comme

moi à la Chaire d'Entomologie
du Muséum n'a rien de
commun avec M. Bonnier.
— On représente M. Bouvier
comme très supérieur !
maintenant que j'ai vu
sa notice je trouve qu'il
n'a aucun titre pour être
professeur d'Entomologie.

Je vais vous envoyer ma
notice afin que vous vous
rendiez compte de ce que
j'ai fait ; vous verrez que

mes travaux sont dans le sens de la chaire d'entomologie et que de plus j'ai fait énormement pour le service ce qu'aucun de mes concurrents pas même M. Künckel, ne peut dire.

Encore une fois merci de vouloir bien m'aider et veuillez croire à mes sentiments les plus affectueux et dévoués

Charles Brongniart

Paris Lundi 22 Avril 95

Cher Monsieur,

Un grand intérêt de famille
me décide à venir solliciter
votre appui en faveur de mon
jeune parent Charles Brongniart
qui se présente pour la place
de Professeur au Museum laissée
vacante par la retraite d. M Blanchard.

Vous connaissez tous les
savants qui ont à donner leur
voix au moment très prochain
de la présentation et particulièrement
M Deherain, je serais bien

profondement reconnaissante
si vous consentiez à dire quelques
mots en faveur d'une candidature
bien justifiée, je crois par des mérite
scientifique réel et dont le succès
aurait une importance vitale
pour un jeune savant qui me
tient de si près.

Que votre amitié me pardonne
mon indiscrétion et accueille
l'expression de mes sentiments
les plus distingués.

Nie Hervé Mangon

affectueux souvenirs à vos
enfants. J'ai le plaisir

d'entendre faire l'éloge de
mon petit filleul par une
parente de son professeur qui
m'a dit qu'il travaille et qu'il
a un charmant caractère.
J'en suis bien heureuse.

NOTICE

SUR LES

TRAVAUX SCIENTIFIQUES

DE

M. Charles BRONGNIART

NÉ A PARIS LE 11 FÉVRIER 1859

Assistant de la chaire de Zoologie (Animaux articulés) au Muséum d'histoire naturelle

PARIS

LIBRAIRIES-IMPRIMERIES RÉUNIES

MAY ET MOTTEROZ, Dᵗˢ

Rue Mignon, 2

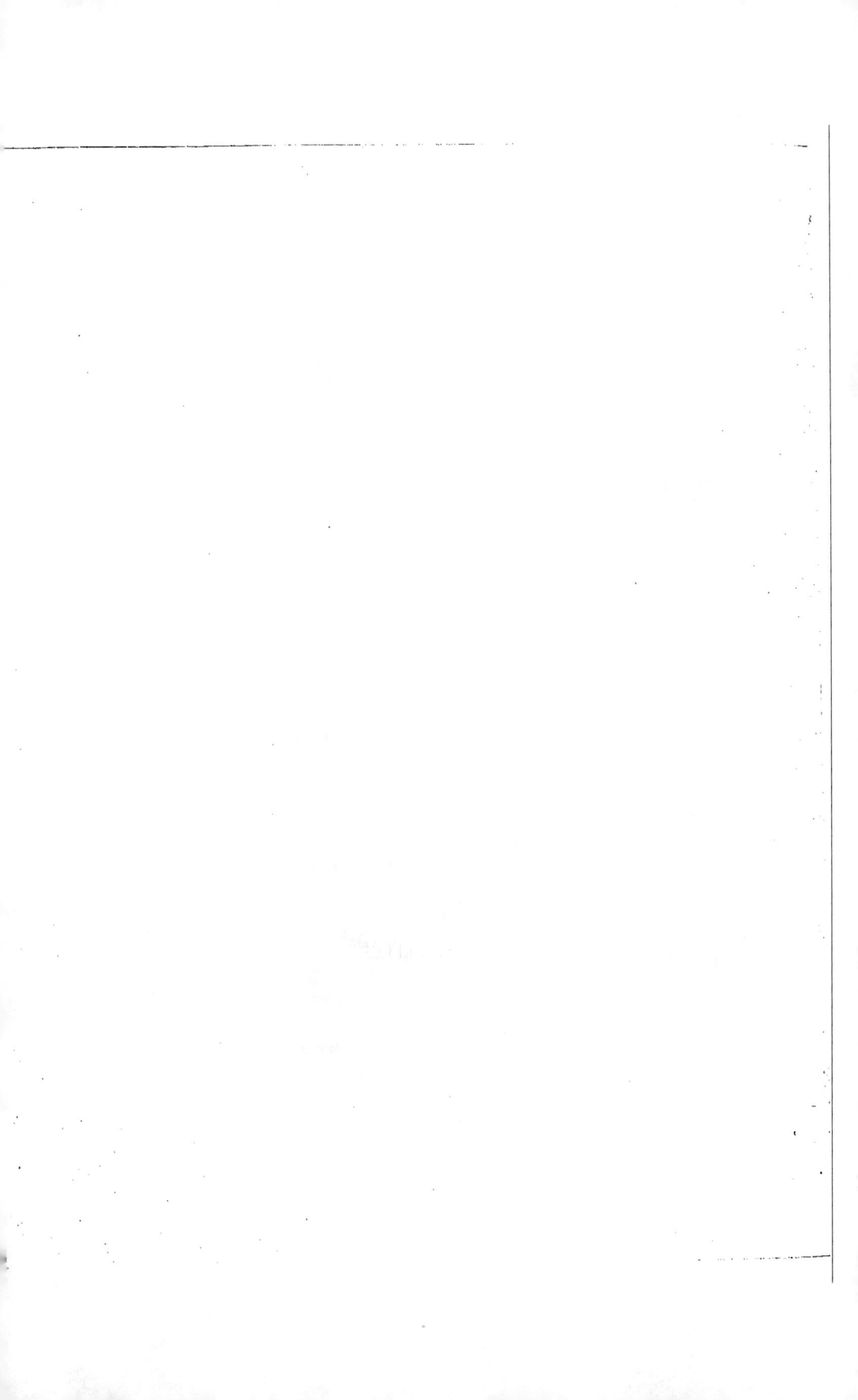

TITRES — GRADES — FONCTIONS

1879. Bachelier ès lettres.

1880. Bachelier ès sciences.

1886. Licencié ès sciences naturelles.

1894. Docteur ès sciences naturelles.

FONCTIONS ANTÉRIEURES

1880-1882. Préparateur de chimie à la Faculté de médecine de Paris.

1882-1883. Préparateur de matières médicales à l'École supérieure de Pharmacie de Paris.

1883. Attaché à la mission des dragages sous-marins du *Talisman*.

1886. Préparateur de zoologie au Muséum (animaux articulés).

1890-1891. Chargé de mission en Algérie par le Muséum d'histoire naturelle et le Ministère de l'Instruction publique.

FONCTIONS ACTUELLES

1882. Préparateur du cours de zoologie à l'École supérieure de Pharmacie de Paris.

1892. Assistant de zoologie (animaux articulés) au Muséum d'histoire naturelle.

Membre de la Société Philomathique de Paris (1889). Président en 1893.

Membre des Sociétés Entomologiques de France (1876) ; membre du Conseil, 1886 et 1887), de Londres (1879), de Belgique (1878), de Suisse (1880).

Membre de la Société Zoologique de France (1892).

Membre de la Société Géologique de France (1876).

Correspondant Étranger de la Société Géologique de Londres (1888).

Membre Honoraire de la Société Géologique de Manchester (1877).

Correspondant de l'Institut Impérial et Royal de Géologie de Vienne (1878), de l'Académie des Sciences naturelles de Philadelphie (1877) et de la Société Royale des Sciences de Liège (1877).

Dans cette notice nous donnerons d'abord l'énumération des travaux accomplis, qui se rapportent à des sujets très divers.

On verra cependant qu'un certain nombre de travaux ont en quelque sorte dérivé les uns des autres, et que des observations portant d'abord sur un champ circonscrit ont conduit l'auteur à des recherches plus étendues et d'un caractère général.

Dans une seconde partie les matières seront au contraire groupées méthodiquement et le lecteur trouvera rapprochés tous les mémoires ayant trait au même sujet.

Enfin la dernière partie est relative à l'Enseignement, aux Excursions entomologiques et aux travaux exécutés pour le service de la chaire d'Entomologie du Muséum.

LISTE CHRONOLOGIQUE DES PUBLICATIONS

1876.

1. — Note sur un nouveau genre d'Entomostracé fossile provenant du terrain carbonifère de Saint-Étienne (*Palaeocypris Edwardsii*).

(*Comptes Rendus de l'Académie des Sciences*, t. LXXXII, p. 518. — *Annales de la Société Entomologique de France* (5), t. VI, Bull., p. XLI. — *Annales des Sciences Géologiques*, t. VII, n° 3, pl. 6. — *Geological Magazine London*, vol. IV, n° 1, p. 26.)

2. — Note sur une nouvelle espèce de Diptère fossile du genre *Protomyia* (*P. Oustaleti*), trouvé à Chadrat (Auvergne).

(*Bulletin de la Société Géologique de France* (3), t. IV, p. 459, pl. XIII. *Annales des Sciences Géologiques*, t. VII, n° 4.)

3. — Note sur des perforations d'Insectes observées dans deux morceaux de bois fossiles.

(*Annales de la Société Entomologique de France* (5), t. VII, p. 215, pl. 7.)

1877.

4. — Note sur une Aranéide fossile des terrains tertiaires d'Aix en Provence.

(*Annales de la Société Entomologique de France* (5), t. VII, p. 221, pl. 7.)

1878.

5. — Note rectificative sur quelques Diptères tertiaires et en particulier sur un Diptère des marnes tertiaires (miocène inférieur) de Chadrat (Auvergne), la *Protomyia Oustaleti* qui devra s'appeler *Plecia Oustaleti*.

(*Bulletin Scientifique du Département du Nord*, 1ʳᵉ année, avril 1878, n° 4, p. 73.
Annales de la Société Entomologique de France (5), t. VIII, Bull., p. XLVII.)

6. — Note sur un nouveau genre d'Orthoptère fossile de la famille des Phasmiens provenant des terrains supra-houillers de Commentry (Allier) (*Protophasma Dumasii*).

(*Annales des Sciences Naturelles.* Zoologie (6), t. VII, n° 4, pl. 6. — *Annales de la Société Entomologique de France* (5), t. VIII, Bull., p. LVII). — *Comptes Rendus de la Société Entomologique de Belgique* (2), n° 47, p. 9. — *Geological Magazine London*, dec. II, vol. VI, n° 3, pl. IV.)

7. — Épidémie causée sur des Diptères du genre *Syrphus* par un champignon (*Entomophthora*).

En collaboration avec M. Maxime Cornu.

(*Comptes Rendus de l'Association Française pour l'Avancement des Sciences*, 1878.
Congrès de Paris, p. 690.
Comptes Rendus de la Société Entomologique de Belgique, n° 62, p. 7.)

1879.

8. — Observations nouvelles sur les épidémies sévissant sur les Insectes Diptères (*Scatophaga*) tués par un champignon (*Entomophthora*).

En collaboration avec M. Maxime Cornu.

(*Comptes Rendus de l'Association Française pour l'Avancement des Sciences*, 1879.
Congrès de Montpellier, p. 735.)

1880.

9. — Les épidémies sévissant sur les Insectes causées par des cryptogames (*Entomophthora*).

(*Bulletin de la Société Scientifique de la Jeunesse*, Paris, t. II, p. 60.)

10. — Observations sur la Clepsine.

(*Bulletin de la Société des Études Scientifiques*, Paris, 1880, 2ᵉ sem., 1 pl.
Bulletin de la Société Scientifique de la Jeunesse, Paris, t. II.)

11. — Note sur les tufs quaternaires de Bernouville, près Gisors (Eure).

(*Bulletin de la Société Géologique de France* (3), t. VIII, p. 418.)

12. — Note sur une épidémie d'Insectes Diptères causée par un champignon. Suivie de remarques par M. J.-B. Dumas, Secrétaire perpé-
tuel de l'Académie des Sciences.

En collaboration avec M. Maxime Cornu.

(*Comptes Rendus de l'Académie des Sciences*, t. XCI.
Bulletin de l'Association Scientifique de France, 2ᵉ série, nº 3, p. 24.)

13. — Notice sur quelques poissons des lignites de Ménat.

(*Bulletin de la Société Linnéenne de Normandie*, 3ᵉ série, t. IV, p. 353, pl. 3.)

14. — Rapport sur l'excursion géologique, botanique, zoologique, faite
à Gisors et aux environs les 16 et 17 mai 1880.

(*Bulletin de la Société d'Études Scientifiques de Paris*, 1880, 1ᵉʳ semestre.)

1881.

15. — Excursion dans l'Atlas en Algérie. Remarques zoologiques et botaniques.

(*Comptes Rendus de l'Association Française pour l'Avancement des Sciences.* Congrès d'Alger, p. 1084.)

16. — Champignon observé sur un Insecte; du rôle des champignons dans la nature.

En collaboration avec M. Maxime Cornu.

(*Comptes Rendus de l'Académie des Sciences,* t. XCII, p. 910. — *Comptes Rendus de l'Association Française pour l'Avancement des Sciences,* 1881. Congrès d'Alger, p. 592, pl. IX.)

17. — Observations sur la manière dont les Mantes construisent leurs oothèques; sur la structure des oothèques; sur l'éclosion et la première mue des larves.

(*Comptes Rendus de l'Académie des Sciences,* t. XCIII, p. 94. — *Annales de la Société Entomologique de France* (6), t. I, p. 449, pl. 13. — *Ann. of Nat. History* (5), vol. 8, p. 164. — *Journ. of the Roy. Microscop. Soc. London* (2), vol. 1, P. 6, p. 884.)

1882.

18. — Observations sur une note de M. Maxime Cornu sur les effets des huiles lourdes de goudron pour le traitement des vignes phylloxérées.

(*Annales du Comité Central agricole de la Sologne,* 1882.)

19. — Sur un nouvel Insecte fossile de l'ordre des Orthoptères provenant des terrains houillers de Commentry (Allier).

(*Comptes Rendus de l'Académie des Sciences,* t. XCV, p. 1228.)

20. — Sur un nouvel Insecte fossile des terrains carbonifères de Commentry (Allier), et sur la faune entomologique du terrain houiller (*Titanophasma Fayoli*).

(Bulletin de la Société Géologique de France (3), t. XI, p. 142, pl. IV. — Annales de la Société Entomologique de France (6), t. II, p. CLXXXVI ; t. III, p. XVIII et LVI. — Ann. of Nat. History (5), vol. XI, p. 71. — Sc. Goss., XIX, p. 45. — Science, I, p. 96, with figure.)

1883.

21. — Note complémentaire sur le *Titanophasma Fayoli* et sur les *Protophasma Dumasii* et *Woodwardi*.

(Annales de la Société Entomologique de France (6), t. III, p. XIX. — Comptes Rendus des Séances de la Société Géologique de France, n°s 6 et 7. — Bulletin de la Société Géologique de France (3), t. XI, p. 240.)

22. — Aperçu sur les Insectes fossiles en général, et observations sur quelques Insectes des terrains houillers de Commentry (Allier).

Congrès des Sociétés Savantes à la Sorbonne, 30 mars 1883.

(Bulletin de la Société de l'Industrie Minérale, Montluçon, avec 1 planche. — Le Naturaliste, V, p. 265.)

23. — Tableaux de Zoologie. 1re édition. 36 pages in-4° autographiées avec figures.

1884.

24. — Note sur les Neurorthoptères, nouvel ordre d'Insectes fossiles des houillères de Commentry.

(Annales de la Société Entomologique de France (6), t. IV, Bull., p. CLI.)

25. — Sur la découverte d'une empreinte d'Insecte dans les grès siluriens de Jurques (Calvados).

(Comptes Rendus de l'Académie des Sciences, t. XCIX, p. 1164. — Annales de la Société Entomologique de France (6), t. IV, Bull., p. CLVIII. — Bulletin du Département du Nord, n° 4, p. 146, 7/8e année.)

1885.

26. — Note sur un Névroptère fossile des houillères de Commentry (*Corydaloides Scudderi*).

(*Annales de la Société Entomologique de France* (6), t. 5, p. XII.)

27. — Sur un gigantesque Neurorthoptère provenant des terrains houillers de Commentry (*Meganeura Monyi*).

(*Comptes Rendus de l'Académie des Sciences*, t. XCVIII, p. 832.)

28. — Note sur un Thysanoure des houillères de Commentry (Allier) (*Dasyleptus Lucasi*).

(*Annales de la Société Entomologique de France* (6), t. V, p. CI.)

29. — Les Insectes fossiles des temps primaires; coup d'œil rapide sur la faune entomologique des terrains paléozoïques.

(Tirage à part, Rouen, Lecerf, 5 planches gravées.)

Bulletin de la Société des Amis des Sciences naturelles de Rouen (3), 21e année, p. 50, pl. I à III). — *Bulletin de la Société de l'Industrie Minérale*, pl. IV et V. — *Bulletin de la Société Zoologique de France* (3), t. 14, n° 1, 1886, p. 12. — *Annales de la Société Entomologique de France* (6), t. V, Bull., p. CXCV. — *Revue Scientifique* (3), t. 36, n° 9, p. 275, figures.)

Traduit en anglais :

(*Trans. Geol. Soc. of Manchester*, vol. XVIII, part. XI, p. 269, 1 planche. — *Geological Magazine* London (3), II, p. 481. — *Proc. Entom. Soc. London*, 1885, p. XI.)

Traduit en allemand :

(*Jahrb. der K. K. Geol. Reichsanstalt*, 1885, Bd 35, Heft 4, p. 649. — *Entomolog. Nachrichten* (*Karsch*) II Jahrg., n° 21, p. 330.)

1886.

30. — Étude sur les Insectes, Arachnides, Myriapodes et Crustacés rapportés du Congo par M. de Brazza.

(Intercalée dans un article général de M. Rivière, *Revue Scientifique*, 1886.)

1887.

23 *bis*. — Tableaux de Zoologie, 2ᵉ édition, Paris (autographie, figures).

31. — Note sur le développement de la Mouche-feuille (*Phyllium pulchrifolium*) de Java.

(Annales de la Société Entomologique de France (6), t. VII, Bull., p. LXXXIV.)

1888.

23 *ter*. — Tableaux d'Histoire Naturelle. Zoologie.

(Rouen, Lecerf, 1 vol. in-4°, 52 pages, 3ᵉ édition (voir les nᵒˢ 23 et 23 bis).)

32. — Sur une Cigale vésicante de Chine et du Tonkin.

En collaboration avec M. Arnaud.
(Comptes Rendus de l'Académie des Sciences, t. CVI, p. 607.)

33. — Sur un nouveau Poisson fossile du terrain houiller de Commentry.

(Comptes Rendus de l'Académie des Sciences, t. CVI, p. 1212. — Bulletin de la Société Géologique de France (3), t. XVI, p. 546, figure. — Revue du Bourbonnais, 1ʳᵉ année, 1888, n° 6, p. 127, figure.)

34. — Études sur le terrain houiller de Commentry. Faune ichthyologique.

Monographie du Pleuracanthus Gaudryi.

(Tirage à part, in-4°, 40 pages. 13 figures dans le texte, 6 planches in-folio, dont deux doubles.)
(Bulletin de la Société de l'Industrie Minérale, Saint-Étienne, 3ᵉ série, t. II.)

35. — Les Entomophthorées et leur application à la destruction des Insectes nuisibles.

(*Comptes Rendus de l'Académie des Sciences*, t. CVII, p. 872. — *Journ. Microgr.*, XIII, p. 52. — *Bulletin de la Société Nationale d'Agriculture de France*, 1888.)

1889.

36. — Les Blattes de l'époque houillère.

(*Comptes Rendus de l'Académie des Sciences*, t. CVIII, p. 252. — *Bulletin de la Société Philomathique de Paris*, 1889.)

37. — Coup d'œil rapide sur la faune entomologique des terrains paléozoïques.

(*Annuaire Géologique*, t. V, 1889.)

38. — Relations de quelques types d'insectes de l'époque houillère avec les Éphémérides.

(*Bulletin de la Société Philomathique de Paris*, 1890 (8), t. I, pp. 118 et 126.)

39. — Note sur quelques insectes du terrain houiller qui présentent au prothorax des appendices aliformes.

(*Bulletin de la Société Philomathique de Paris*, 1890 (8), t. II, p. 154, pl. I et II. — *Comptes Rendus de l'Association Française pour l'Avancement des Sciences*, t. XIX, p. 497-501.)

40. — Les insectes à respiration aquatique de l'époque houillère.

(*Annales de la Société Entomologique de France* (6), t. IX, Bull., p. ccxxxvi.)

41. — Note sur la présence du *Calosoma indagator* à Montmorency.

(*Annales de la Société Entomologique de France* (6), t. IX, Bull., p. ccxl.)

1890.

42. — Rapport pour le prix Dollfus sur l'ouvrage de M. Valéry Mayet intitulé les « Insectes de la Vigne ».

(*Annales de la Société Entomologique de France* (6), t. X, Bull., p. xxvii.)

43. — Catalogue raisonné des Orthoptères des environs de Gisors (Eure).

(*Annales de la Société Entomologique de France* (6), t. X, Bull., p. lxxv.)

44. — Note sur les mœurs du *Cemonus unicolor*.

(*Annales de la Société Entomologique de France* (6), t. X, Bull., p. xciii.)

45. — Note sur la *Rosalia Lameerei*, nouvelle espèce de Longicorne de l'Indo-Chine.

(*Annales de la Société Entomologique de France* (6), t. X, Bull., p. cxxi.)

46. — Note sur une nouvelle espèce d'Orthoptère de la famille des Locustides (*Megalodon Blanchardi*).

(*Annales de la Société Entomologique de France* (6), t. X, Bull. p. clxxxiii.)

47. — Note sur des Longicornes nouveaux de l'Indo-Chine dont un genre nouveau (*Pavieia*).

(*Annales de la Société Entomologique de France* (6), t. X, p. clxxxiii.)

48. — Les organes de l'olfaction chez les Lépidoptères d'après les travaux de MM. Alphéraky, Jourdan, Haase (Résumé).

(*Annales de la Société Entomologique de France* (6), t. X, Bull., p. cxx.)

1891.

49. — Revue des travaux publiés sur les Insectes fossiles en 1889.

(*Annuaire Géologique*, t. VI.)

50. — Les Criquets en Algérie.

(*Comptes Rendus de l'Académie des Sciences* (8 juin 1891), t. CXII, p. 1318.)

51. — Découverte d'un cryptogame parasite des Criquets pèlerins, de la forme *Botrytis*.

(Dépêche adressée à l'Académie des Sciences.)
(*Comptes Rendus de l'Académie des Sciences*, t. CXII, p. 1320. — (8 juin 1891.)

52. — Le cryptogame des Criquets pèlerins.

(*Comptes Rendus de l'Académie des Sciences*, t. CXII, p. 1491.)

53. — Les métamorphoses du Criquet pèlerin.

(*Comptes Rendus de l'Académie des Sciences*, t. CXIII, p. 403. — *Bulletin de la Société Philomathique de Paris* (8), t. IV, n° 1, 24 octobre 1891.)

54. — Les champignons parasites observés sur les Criquets pèlerins en Algérie.

(*Bulletin de la Société Nationale d'Agriculture de France*, 1891. — *Bulletin de la Société Philomathique* (8), t. IV, n° 1. — (24 octobre 1891.)

55. — Collection d'Insectes formée dans l'Indo-Chine par M. Pavie, consul de France au Cambodge. Coléoptères Longicornes.

(*Nouvelles Archives du Muséum d'Histoire Naturelle*, 3ᵉ série, t. III, p. 237-254, pl. X, coloriée.)

56. — Monographie du genre *Eumegalodon* (Orthoptères de la famille des Locustides).

(Nouvelles Archives du Muséum d'Histoire Naturelle, 3ᵉ série, t. III, p. 277-286, pl. XII.)

57. — Monographie du genre *Palophus* (Orthoptères de la famille des Phasmides).

(Nouvelles Archives du Muséum d'Histoire Naturelle, 3ᵉ série, t. III, p. 193-204, pl. VII et IX.)

58. — Fonctions de l'organe pectiniforme des Scorpions.

En collaboration avec M. Gaubert.

(Comptes Rendus de l'Académie des Sciences, t. CXIII, p. 1062.)

59. — Les champignons parasites des Acridiens.

En collaboration avec M. Delacroix.

(Bulletin de la Société Philomathique de Paris (séance du 26 décembre 1891) (8), t. IV, n° 1.)

1892.

60. — Sur la coloration des Criquets pèlerins et sur deux formes *Botrytis* parasites des Criquets.

(Annales de la Société Entomologique de France (6), t. LXI, Bull., p. LIX.)

61. — Histoire Naturelle populaire. *L'Homme et les Animaux.*

1 vol. grand in-8°, 1039 pages.— 870 figures et 8 planches en couleurs. Paris. E. Flammarion.

1893.

62. — Distribution géographique des Orthoptères du genre *Phyllium*. La Lémurie.

(*Annales de la Société Entomologique de France*, 1893 (6), vol. LXII, Bull., p. xcix.)

63. — Note sur quelques types de Diptères de la famille des Bibionides.

(*Annales de la Société Entomologique de France* (6), vol. LXII, Bull., p. cxlix.)

64. — Guide du naturaliste voyageur (Enseignement spécial pour les voyageurs). Animaux articulés.

(*Revue Scientifique* et *le Naturaliste*.)
(Tirage spécial. Paris, Deyrolle, 47 pages in-12, 28 figures.)

65. — Résumé des recherches sur les Insectes primaires.

(*Bulletin de la Société Philomathique de Paris*, Comptes Rendus des Séances, 22 avril 1893, p. 9.)

66. — Les Criquets pèlerins en Algérie; des changements de coloration qu'ils présentent pendant leurs métamorphoses.

(*Bulletin de la Société Philomathique de Paris* (8), t. V, n° 1, p. 5, pl. 1, coloriée.)
(Note présentée dans la séance du 24 octobre 1891.)

1894.

67. — Les Insectes de l'époque carbonifère.

Mémoire lu à l'Académie des Sciences le 21 mai 1894.
(Résumé. *Comptes Rendus de l'Académie des Sciences*, t. CXVIII. *Le Naturaliste*.)

68. — Étude de la nervulation des Insectes appliquée à la description des Insectes fossiles paléozoïques.

(Annales de la Société Entomologique de France (Congrès annuel) (6), vol. LXIII, p. 94, avec figure.)

69. — La matière verte chez les Phyllies, Orthoptères de la famille des Phasmides.

En collaboration avec M. Henri Becquerel.

(Comptes Rendus de l'Académie des Sciences, t. CXVIII. Séance du 11 juin 1894.)

70. — Recherches pour servir à l'Histoire des Insectes fossiles des temps primaires, précédées d'une étude sur la nervation des ailes des Insectes.

1 vol. texte : 493 pages in-4° avec 25 gravures.

1 vol. atlas : 40 pages texte in-4° et 37 planches in-folio.

(Extrait du Bulletin de la Société de l'Industrie Minérale de Saint-Étienne, 3e série, t. VII.)

1895.

71. — Note sur quelques Coléoptères provenant de la côte ouest de Java, donnés au Muséum par M. J.-D. Pasteur.

(Bulletin du Muséum d'Histoire Naturelle, n° 1, année 1895, p. 17.)

72. — Note sur des Hyménoptères du genre *Polistes*, recueillis par M. Diguet en Basse-Californie.

(Bulletin du Muséum d'Histoire Naturelle, n° 2, année 1895, p. 37.)

C. BRONGNIART.   3

73. — Note sur des Homoptères de Madagascar.

(*Bulletin du Muséum d'Histoire Naturelle*, n° 3, année 1895.)

———

Plusieurs notices biographiques, bibliographiques et un grand nombre d'articles publiés dans *la Revue Scientifique, la Nature, le Naturaliste, le Magasin pittoresque*, etc.

———

ANALYSE DES TRAVAUX

Les travaux de M. Charles Brongniart peuvent être classés de la façon suivante.

A. — Zoologie et paléontologie :

1° *Entomologie*.

I. — INSECTES.
   - α. Nervation des ailes des Insectes.
   - β. Orthoptères.
   - γ. Hémiptères.
   - δ. Coléoptères.
   - ε. Hyménoptères.
   - ζ. Mélanges.

II. — ARACHNIDES.

III. — MALADIES DES INSECTES CAUSÉES PAR LES CRYPTOGAMES.

IV. — ENTOMOLOGIE MÉDICALE.

V. — ANIMAUX ARTICULÉS FOSSILES.
   - 1° Insectes des terrains primaires.
   - — des terrains tertiaires.
   - 2° Arachnides.
   - 3° Crustacés.
   - 4° Perforations dans des bois fossiles.

2° *Vertébrés fossiles*.

   - a. POISSONS des terrains primaires.
   - b. — des terrains tertiaires.

B. — Géologie.

C. — Enseignement de la Zoologie.
   Instructions aux voyageurs, etc.

D. — Travaux en préparation.

E. — Enseignement.

F. — Excursions entomologiques.

G. — Travaux exécutés dans le laboratoire et dans les collections d'Entomologie.

A. — ZOOLOGIE ET PALÉONTOLOGIE

1° ENTOMOLOGIE

I. — INSECTES

NERVATION DES AILES DES INSECTES

Étude sur la nervation des ailes chez les Insectes et en particulier les Névroptères, les Orthoptères et les Homoptères Fulgorides.

(Texte : 1 vol. 179 pages in-4°. — Atlas : 12 planches in-folio.)

(Nos 68, 70) (¹)

C'est d'après la forme des ailes qu'on a classé les insectes. Les organes du vol ont, en effet, dans leurs caractères morphologiques, aussi bien que dans la disposition des nervures, une constance qui permet de s'en servir pour la classification.

Les auteurs qui ont décrit des insectes se sont malheureusement peu préoccupés de la nervation et, lorsque des figures accompagnent des mémoires, il est rare qu'on représente les nervures des ailes avec la précision voulue.

En outre, comme il n'y a guère d'entomologistes s'occupant à la fois de tous les ordres d'insectes, chaque spécialiste qui a décrit la nerva-

(1) Les numéros entre parenthèses renvoient à la liste chronologique.

tion des ailes a donné aux nervures des noms particuliers selon le groupe étudié, sans s'inquiéter des groupes voisins, sans chercher par la comparaison à unifier la nomenclature des nervures. Il en est résulté une grande confusion.

Plusieurs auteurs, Hagen, Adolph, et plus particulièrement M. Redtenbacher ont tenté de donner aux nervures une nomenclature uniforme.

Dans le présent travail, M. Ch. Brongniart a voulu compléter nos connaissances sur cet important sujet. Il a étudié dans les plus grands détails la nervation des insectes et en particulier des Névroptères, des Orthoptères et des Fulgorides parmi les Homoptères, parce que c'est dans ces trois groupes d'insectes que les ailes sont le plus riches en nervures.

L'auteur montre que la nature des ailes, leur position pendant le repos, leurs dimensions ont une influence sur la nervation.

Il indique ensuite une nomenclature générale des nervures qui peut servir pour tous les ordres d'insectes.

De cette étude générale il conclut que, *plus un insecte a une haute antiquité géologique, plus la nervation des ailes est complète; plus un insecte est d'apparition récente, plus sa nervation est simplifiée.*

Les données anatomiques et du développement viennent d'ailleurs corroborer cette opinion; car les insectes chez lesquels on observe une réduction dans la nervation sont précisément ceux dont les anneaux thoraciques sont le plus intimement soudés, qui présentent une plus grande centralisation du système nerveux et dont les métamorphoses sont complètes; tels les Coléoptères, les Lépidoptères, les Diptères, les Hyménoptères surtout. Au contraire, les insectes dont les anneaux thoraciques sont séparés, ou moins intimement unis, dont les ganglions du système nerveux sont plus séparés et dont les métamorphoses sont incomplètes, ont la nervation des ailes plus complète, moins réduite, et ceux-là ont justement une ancienneté beaucoup plus grande géologiquement parlant (Névroptères, Orthoptères, Fulgorides).

M. Brongniart étudie ensuite, minutieusement, parmi les Névroptères, les familles des Sialides, Mantispides, Hémérobides, Conioptérygides, Chrysopides, Némoptérides, Nymphides, Myrméléonides, puis les Panorpides et les Phryganides; parmi les Névroptères dits Pseudo-Orthoptères : les Perlides, Éphémérides, Odonates, Termitides,

Embides, Psocides, choisissant pour chacune de ces familles un grand nombre d'exemples.

Parmi les Orthoptères : les Forficulides, Blattides, Mantides, Phasmides, Locustides, Acridides, Gryllides, sont l'objet d'une étude approfondie.

Il compare ensuite la nervation des Névroptères et des Orthoptères et passe en revue plusieurs groupes d'Homoptères.

Ce travail, difficile et minutieux, a nécessité un temps considérable et n'a pu être poursuivi et mené à bien que grâce aux collections du Muséum où l'auteur en a trouvé tous les éléments.

Il montre qu'il y a des caractères d'une haute valeur tirés de la nervation qui permettent de reconnaître avec certitude à quel type appartient une aile d'insecte même détachée du corps. Cette étude a une grande importance en ce qui a trait à la détermination des insectes vivants et M. Brongniart l'a prouvé dans une occasion récente à propos de la distinction des espèces d'un genre d'Homoptères (*Flatoides*) ; mais l'importance de ce travail est extrême, lorsqu'il s'agit de l'étude des insectes fossiles dont nous ne retrouvons généralement que les ailes enfouies dans les couches du globe.

ß. — ORTHOPTÈRES

Monographie du genre *Palophus*, Orthoptères de la famille des Phasmides.

(*Nouvelles Archives du Muséum d'histoire naturelle*, 1891. 3e série, t. III, p. 193, pl. VIII et IX.)

(N° 57)

Dans ce travail, l'auteur, après avoir fait connaître les caractères généraux du genre *Palophus*, ces grands Phasmes africains dont la tête est pourvue de deux lames ou de deux pointes, montre qu'on a placé les espèces de ce groupe dans des genres très divers et il fait rentrer ces espèces dans le genre *Palophus*.

Il décrit chaque espèce dans cette revision, et figure dans deux belles planches quelques-uns de ces insectes.

Note sur le développement de la Mouche-feuille de Java (*Phyllium pulchrifolium*).

(*Annales de la Société Entomologique de France*, 11 mai 1887, Bull., p. LXXXV.)

(N° 31)

A trois reprises différentes, en 1855 à Édimbourg, en 1871 à Toulouse et en 1867 à Paris, on avait pu voir des Phyllies vivantes, ces curieux Orthoptères, de la famille des Phasmides, qui ressemblent tellement à des feuilles qu'ils se trompent eux-mêmes et se mangent entre eux en entamant les côtés de l'abdomen.

Une grande quantité d'œufs de Phyllies de Java ayant été remis au Muséum, M. Brongniart les plaça dans des conditions favorables dans les serres et réussit à en obtenir l'éclosion.

Ces œufs ont l'apparence extérieure et la structure anatomique d'une graine, comme l'a montré M. Henneguy. M. Brongniart a pu suivre le développement de ces insectes qu'il nourrissait avec des feuilles de goyavier. Il les a élevé depuis l'œuf jusqu'à l'état adulte et a préparé un travail sur l'anatomie de ces insectes.

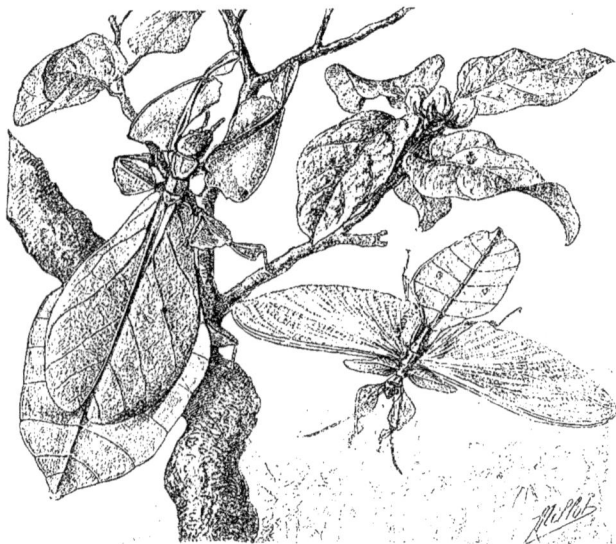

FIG. 1. — Phyllies (femelle et mâle) provenant de Sylhet (Indes).

Un des faits les plus curieux observés par M. Brongniart, c'est que ces Orthoptères, au sortir de l'œuf, sont d'un rouge de sang et qu'ils ne deviennent verts qu'après la troisième mue.

Distribution géographique des Orthoptères du genre *Phyllium*.

(*Annales de la Société Entomologique de France*, 1893, Bull., p. xcix.)

(N° 52)

A la suite d'une communication de M. C. Alluaud au sujet de la faune des îles Séchelles et de la grande terre supposée qu'on a désignée sous le nom de « Lémurie », M. Brongniart fit remarquer que les Orthoptères du genre *Phyllium*, de la famille des Phasmides, qui sont des insectes dont la femelle ne vole pas et dont le mâle vole à peine, se rencontrent dans des points isolés : aux Séchelles, à Java, à Bornéo, à Sumatra ; au Laos, à Sylhet, dans l'Inde ; à la Nouvelle-Calédonie, aux Célèbes, aux Fidji, à la Nouvelle-Bretagne, aux Nouvelles-Hébrides, montrant par leur présence que toutes ces terres ont dû être reliées entre elles à une époque ancienne.

Mais comme les espèces du genre *Phyllium* offrent entre elles des différences assez notables, il est à supposer qu'il a fallu un temps fort long pour que les variations que présentent les divers types de Phyllies aient acquis assez de fixité pour qu'on ait pu les considérer comme caractères spécifiques.

On peut donc penser que c'est aux temps antérieurs à l'époque actuelle qu'il faut remonter pour concevoir l'existence probable d'un continent que certains auteurs anglais ont nommé *Lemuria*.

La matière verte chez les Phyllies, Orthoptères de la famille des Phasmides.

En collaboration avec M. Henri Becquerel.
(*Comptes Rendus de l'Académie des Sciences*, t. CXVIII.)

(N° 69)

On a considéré longtemps la chlorophylle comme n'existant que dans les végétaux, et, quand cette matière a été signalée chez les animaux, on a presque toujours reconnu qu'il s'agissait soit de chlo-

rophylle contenue dans le tube digestif, soit d'algues parasites formant
une symbiose avec ces animaux

Cependant on a déjà trouvé la chlorophylle à l'état diffus dans certains Infusoires qui paraîtraient la former de toutes pièces. Ce fait n'a
pas encore été signalé chez les insectes.

Parmi ceux-ci, il en est dont la coloration verte est due à un pigment
qui n'a rien de commun avec la chlorophylle. D'autres, au contraire,
tels que certains Orthoptères de la famille des Phasmides, les Phyllies,
ressemblent tellement à des feuilles vertes que l'on est porté à attribuer
leur couleur à de la chlorophylle répandue dans tout leur corps.

En naissant, la jeune Phyllie n'est pas verte, mais d'un beau rouge
de sang, couleur qu'elle ne garde pas. Elle devient jaune, en effet, au
bout de quelques jours, après avoir mangé avec avidité, et, après avoir
opéré sa première mue, elle est verdâtre. La teinte verte s'accentue
ensuite à chaque changement de peau.

Ayant eu à leur disposition des Phyllies vivantes, les auteurs se sont
demandé quelle était la nature de ce pigment.

Une dissection montra que sous les téguments chitineux se trouvait
une couche verte au milieu de laquelle se distribuent en très grande
abondance de fines trachées.

L'examen histologique fit reconnaître sous les lames de la membrane chitineuse la couche chitinogène ou hypoderme formée de grosses
cellules arrondies variant de dimensions et à noyaux plus réfringents
que le protoplasma de la cellule. Ces cellules sont entourées d'un tissu
conjonctif au milieu duquel se trouve une grande quantité de petits
grains dont la coloration verte est extrêmement intense, même à un
pouvoir amplifiant considérable. Ces petits corps verts sont ovoïdes et
semblent amorphes même lorsqu'ils sont vus avec un très fort grossis-
sement. On ne peut donc pas les considérer comme étant des algues
parasites.

Il était nécessaire de savoir ce que révélerait l'analyse spectrale.

Les auteurs firent alors une série d'expériences comparatives qui
leur prouvèrent que le spectre d'absorption observé au travers des
Phyllies vivantes ne diffère pas de celui qu'on observe au travers des
feuilles vivantes et est dû à la chlorophylle.

Observations sur la manière dont les Mantes construisent leurs oothèques;
sur la structure des oothèques; sur l'éclosion et la première mue
des larves.

(*Comptes Rendus de l'Académie des Sciences.* — *Annales de la Société Entomologique de France*, 1882, 6ᵉ série, t. I, p. 449, pl. 13. — Séance du 13 juillet 1881.)

(Nᵒ 17)

Plusieurs groupes d'articulés entourent leurs œufs d'une enveloppe
protectrice commune. Tantôt c'est dans le corps même de la femelle
que se fait cette agglomération, comme on le voit chez les Blattiens

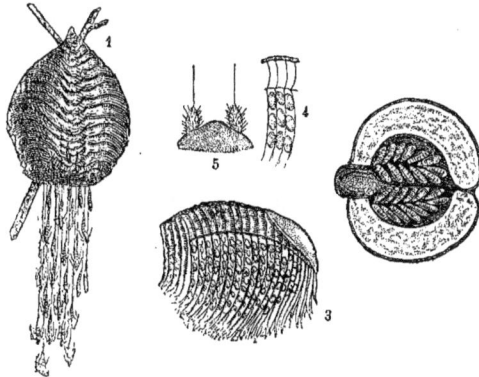

Fᴵɢ. 2. — 1, oothèque de Mante fixée à un rameau d'arbuste; les jeunes larves, reliées à l'oothèque par deux fils ténus, sont suspendues ainsi pour opérer la première mue. — 2, coupe transversale de l'oothèque montrant un étage et la disposition des œufs. — 3, coupe longitudinale. — 4, figure schématique pour montrer la disposition des étages. — 5, cerci avec filaments suspenseurs.

parmi les Orthoptères; tantôt au contraire la femelle construit la coque
protectrice et y dépose ses œufs (Hydrophiles, Mantes).

M. Brongniart, ayant recueilli en Algérie des oothèques de Mantes,
montre que celles-ci contiennent une vingtaine d'étages et sont entourées
d'une enveloppe écumeuse. Chaque étage est séparé en deux loges par
une mince cloison antéro-postérieure et communique au dehors par
une sorte de goulot aplati dont les bords en forme d'écailles sont

rabattus, imbriqués les uns sur les autres. Dans chacune des loges d'un étage se trouvent une douzaine d'œufs disposés symétriquement de telle sorte que la portion de l'œuf qui constituera l'extrémité de l'abdomen est appliquée contre la paroi, tandis que les têtes regardent obliquement en avant vers l'ouverture.

Lorsque les jeunes éclosent, ils se servent de leurs *cerci* épineux pour sortir de l'alvéole et non pas des épines de leurs pattes, comme l'avait pensé M. de Saussure.

Au lieu de tomber à terre, les larves restent suspendues chacune par deux fils soyeux, longs et ténus, qui partent de l'extrémité des *cerci*. Elles forment bientôt une grappe et restent en cet état jusqu'à ce que la première mue ait eu lieu. Leurs dépouilles demeurent suspendues par les filaments à l'oothèque.

Ce ne fut que longtemps après cette curieuse observation que d'autres naturalistes ont vu que certains insectes, les criquets en particulier, opéraient cette première mue dès la sortie de l'œuf.

Monographie du genre *Eumegalodon*, Orthoptères de la famille des Locustides.

(*Nouvelles Archives du Muséum d'histoire naturelle*, 3° série, t. III, p. 277, pl. XII, 1892. — *Annales de la Société Entomologique de France*, 1890 (6), t. LX, Bull., p. CLXXVIII.)

(N° 56)

Brullé avait fait connaître en 1836 de grandes Sauterelles de Java auxquelles il avait donné le nom de *Megalodon ensifer* et qui sont remarquables par leur grosse tête, leurs énormes mandibules, les saillies épineuses du prothorax et la longueur de l'oviscapte. En 1887, pour la première fois, on vit un nouvel exemplaire de ce curieux insecte. En 1890, fut remis au Muséum un échantillon d'une espèce différente de la première et qui avait été recueilli au nord de Bornéo. M. Brongniart la désigna sous le nom de *Eumegalodon Blanchardi*, la dédiant à M. Émile Blanchard. Le genre *Megalodon* ayant été employé en 1827 par Sowerby pour désigner des Mollusques fossiles, et en 1835 par Agassiz pour un

Poisson fossile, il était nécessaire de le modifier pour éviter la confusion, et l'auteur profita de cette occasion pour transformer le genre *Megalodon* de Brullé en *Eumegalodon*.

L'auteur décrit les deux espèces connues de ce genre d'une extrême rareté et discute sa position zoologique.

Il pense que les *Eumegalodon* doivent être les types d'une tribu spéciale, très voisine de celles qui contiennent les Conocéphalidés, les *Saga*, les *Polyancistrus*, les *Mecopoda*, et propose de les désigner sous le nom de *Eumegalonidæ*.

Une belle planche accompagne ce mémoire.

Les Criquets pèlerins en Algérie; des changements de coloration qu'ils présentent pendant leurs métamorphoses.

(*Comptes Rendus de l'Académie des Sciences*, 8 et 29 juin, 21 septembre 1891. — *Bulletin de la Société Nationale d'Agriculture*, 1891. — *Bulletin de la Société Philomathique de Paris*, 24 octobre, 26 décembre 1891.)

(Nᵒˢ 50, 53, 60, 66)

Ayant assisté à l'invasion des Criquets pèlerins en Algérie, en 1891, M. Brongniart a pu étudier ces insectes, et fait connaître dans ce travail plusieurs détails relatifs à leurs mœurs, à leurs métamorphoses.

Leurs diverses attitudes pendant le vol, pendant la pariade, pendant la ponte, sont l'objet de descriptions minutieuses.

Ces criquets arrivaient en vols compacts sur Alger et l'on était littéralement assailli lorsqu'on sortait dans les rues. Ils se posaient à terre et s'envolaient avec une extrême facilité lorsqu'on s'approchait. Pour cela, ils se donnaient un violent élan à l'aide de leurs pattes de la troisième paire qu'ils détendent comme un ressort et qui restent pendantes durant quelques instants. Mais, lorsque l'insecte veut continuer son vol et monter davantage, il replie les jambes sur les cuisses de la troisième paire, de façon qu'elles soient parallèles à l'abdomen. Les jambes rentrent en partie dans une sorte de rainure de la cuisse, et les tarses à leur tour viennent s'appliquer dans un sillon longitudinal de la face supérieure de la jambe.

Les pattes de la première paire et de la seconde paire se relèvent alors et s'appliquent contre le thorax, la jambe repliée contre la cuisse. Les antennes sont dirigées en avant.

L'insecte veut-il retomber à terre et se poser, il étend ses pattes, les laisse pendre, comme pour chercher un point d'appui et relève ses ailes, comme le fait un pigeon qui va se poser.

Les criquets pèlerins volent pendant longtemps de suite; mais d'autres orthoptères, qui ne se servent de leurs ailes que pour se soutenir pendant quelques minutes dans les airs et pour ne traverser qu'une petite distance, n'ont pas la même attitude. Il en est ainsi de nos petits criquets (*Stenobothrus, Gomphocerus, Chrysochraon*) et de nos Locustides (*Locusta viridissima, Platycleis, Phaneroptera*, etc.); tous conservent leurs pattes pendantes durant le vol.

Lorsqu'ils se sont abattus, s'ils ne sont pas dérangés, les criquets pèlerins pensent à manger. C'est leur premier souci; il faut réparer les forces perdues; tous les tissus végétaux qu'ils rencontrent sont bons. Naturellement les herbes ou les feuillages tendres sont immédiatement dévorés.

Ils songent alors immédiatement à perpétuer leur espèce; l'accouplement a lieu.

Ils se réunissent, par places, en nombre extraordinaire, s'accumulent, se recouvrent les uns les autres; les mâles recherchent les femelles et l'accouplement se fait presque en même temps pour les criquets d'un même vol. Cependant il est des cas où les pontes s'effectuent pendant plus de huit jours consécutifs. Il en résulte que les éclosions se font dans le même rapport.

Autant ils étaient farouches lorsqu'on s'approchait d'eux au moment où ils venaient de se poser après un long vol, autant ils oublient toute prudence pendant l'accouplement; ils ne s'envolent pas; ils sautillent quelquefois, mais la plupart du temps le mâle reste cramponné sur sa femelle, même si celle-ci cherche à fuir.

Si on les observe sans les effrayer, on voit que, pendant l'accouplement, le mâle redresse par moments ses pattes de la troisième paire et frémit véritablement de jouissance. Pendant la ponte il en est de même; très souvent le mâle reste sur la femelle et agite fiévreusement ses pattes de la troisième paire. Il semble vouloir l'exciter à pondre.

La femelle enfonce son abdomen dans les terrains même les plus durs, même sur des routes battues ; quelquefois elle fait des trous d'essai ou du moins elle commence son trou et le quitte pour en faire un ailleurs, soit qu'elle ait voulu se rendre compte de la nature du sol, soit qu'elle ait été dérangée.

L'abdomen de la femelle s'enfonce à une profondeur de 5 à 8 centimètres. Pour cela elle recourbe l'extrémité de son abdomen et, à l'aide de ses pièces génitales très dures, elle entame le sol ; puis l'abdomen pénètre peu à peu, grâce aux petits mouvements des pièces génitales ; les anneaux s'écartent les uns des autres, et l'abdomen devient une fois plus long qu'il n'était.

Au fond du trou, la femelle dépose d'abord une substance spumeuse,

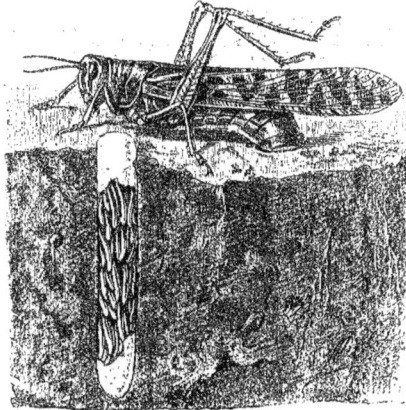

FIG. 3. — Criquet pèlerin ♀ (*Schistocerca peregrina* Oliv.) en train de pondre.
Une coupe du terrain montre la disposition des œufs dans le sol.

légère, d'un blanc sale, qui se solidifie, et qui ne peut être mieux comparée qu'à du blanc d'œuf battu.

Les œufs sont alors pondus, et sont plus ou moins collés les uns aux autres par un peu de la sécrétion spumeuse ; enfin, la ponte terminée, un bouchon de cette même substance est encore sécrété et recouvre l'orifice du trou.

Après la ponte, les insectes restent, en général, absolument anéantis

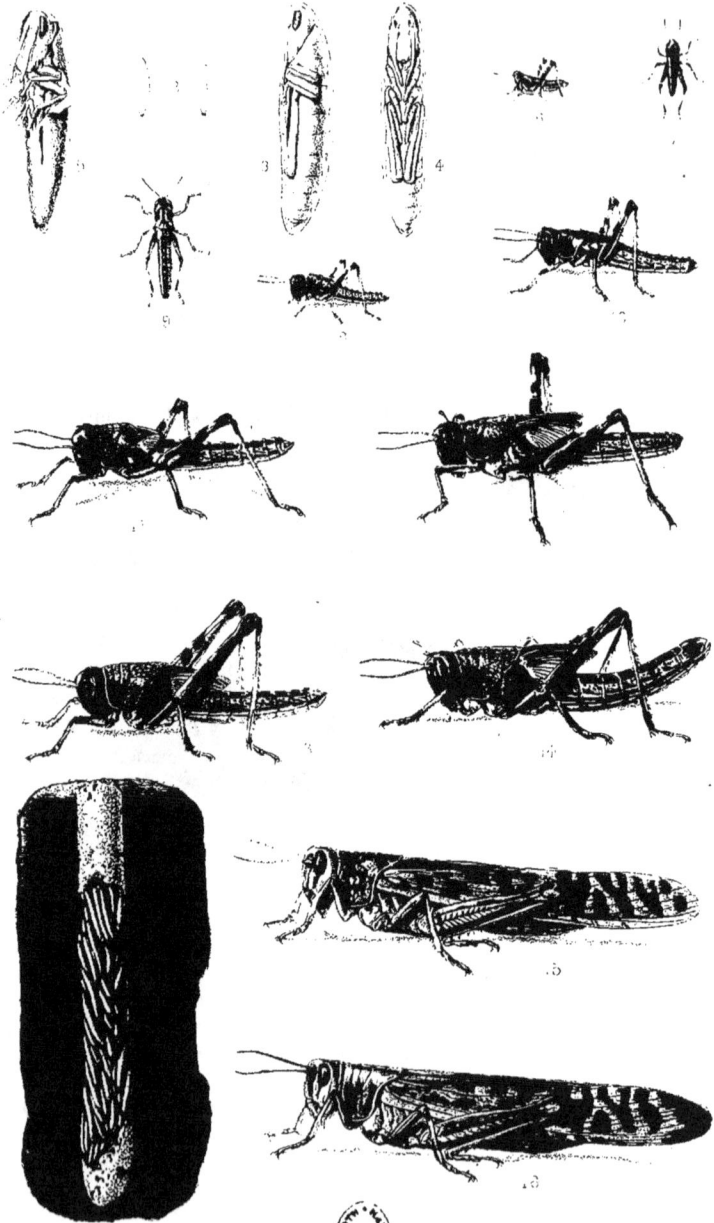

Guillerat et Millot, del. et pinx.   Imp Ed Bry Paris   Millot. Sculp.

Métamorphoses du Criquet pélerin.
(Schistocerca peregrina oliv)

et meurent pour la plupart sur les lieux de ponte. On a cependant constaté qu'il y en avait qui reprenaient leur vol, pour entreprendre un nouveau voyage et recommencer à pondre ailleurs.

On rencontre en moyenne trente cadavres par mètre carré, sur les lieux de ponte, souvent beaucoup plus; en outre, des débris de pattes, d'ailes, de corps, prouvent que des animaux mammifères, oiseaux, reptiles, mêmes des Scolopendres, viennent se repaître de cette nourriture facile à trouver.

Il est facile de reconnaître, même de loin, les emplacements où les criquets ont pondu; le sol est craquelé, éclaté, effrité; en outre les trous de ponte sont le plus souvent surmontés de la sécrétion spumeuse dont il a été question plus haut.

Les criquets sont souvent en masses énormes, se recouvrant les uns les autres, par places, pour pondre; et, en diverses localités, l'auteur a observé une moyenne de *trente-cinq pontes par décimètre carré* contenant chacune quatre-vingts à quatre-vingt-dix œufs!

Au moment de l'éclosion, si l'on examine les œufs, on constate qu'ils sont plus gros qu'ils n'étaient au moment de la ponte; ils ont de 10 à 12 millimètres de long sur 3 millimètres de diamètre, et l'on distingue, à travers leur membrane, deux points noirs qui indiquent l'emplacement des yeux.

L'éclosion se fait généralement pendant la nuit, ou aux premières lueurs du soleil, lorsque la terre n'est pas encore échauffée. La membrane de l'œuf s'ouvre à l'extrémité supérieure et dorsale et l'on voit apparaître la partie intérieure et dorsale du prothorax. Mais la jeune larve n'est pas libre, elle est en quelque sorte emmaillotée; après des efforts répétés, elle sort sa tête, ses pattes antérieures, puis l'abdomen et les pattes des seconde et troisième paires auxquelles reste souvent accrochée une membrane pellucide. Or, qu'est-elle cette membrane? C'est la première peau que quitte la jeune larve; c'est la première mue qui vient de s'opérer au moment même de la sortie de l'œuf.

L'auteur avait remarqué et signalé dix ans auparavant, en 1881, un fait analogue, à propos de l'éclosion des jeunes mantes (n° 17). Il n'en était pas moins intéressant de constater la similitude qui existait, au point de vue de la première mue, entre les Orthoptères de deux familles différentes.

La première mue vient donc de se produire; le jeune acridien est à son second état; le premier n'a duré que quelques instants, le temps qu'a mis la larve à sortir de l'œuf et à changer de peau. Le petit criquet est de couleur vert d'eau, mais il devient brun très rapidement, et au bout de douze heures environ il est devenu noirâtre.

A cet âge, ces petits insectes se recherchent et se groupent.

Six jours après, la petite larve change de peau pour la seconde fois. Cette seconde mue est celle qui a été regardée en général comme la première parce qu'on négligeait de compter celle qui se fait au sortir de l'œuf. De noir qu'il était, le jeune criquet devient noir avec des bandes blanches sur les anneaux thoraciques, des points blancs sur le dessus de l'abdomen et une ligne rosée sur les côtés de l'abdomen où s'ouvrent les stigmates.

La troisième mue s'opérera généralement au bout de six à huit jours ; la teinte générale est la même, mais le rose s'accentue ; de noire qu'elle était, la tête devient brune.

Huit jours s'écoulent, l'insecte mue pour la quatrième fois ; il est long de 35 millimètres et ses couleurs changent tout à fait ; les dispositions des taches sont les mêmes ; toutefois la couleur rose est remplacée par une couleur jaune citron, et la ligne des stigmates est marquée de blanc. Enfin l'insecte ne doit plus être considéré comme une larve, c'est une nymphe, car il a les premiers rudiments d'ailes.

Très actif, il dévore tout ce qu'il rencontre.

Dix jours de cette vie, et il opère la cinquième mue ; il est alors long de 40 millimètres ; les teintes jaunes deviennent plus vives, ou bien font place à des tons d'un rouge ocracé. Sur le prothorax on remarque un pointillé jaune très net ; l'insecte dévore toujours et son abdomen prend des proportions plus considérables.

La sixième mue a lieu quinze ou vingt jours après ; pour cela l'insecte s'accroche la tête en bas après une tige, après une paroi quelconque ; sa peau se fend sur une ligne dorsale du prothorax et il quitte sa dépouille, il est adulte. De ses moignons d'ailes longs de 10 à 12 millimètres sortent des ailes plissées d'abord, mais qui bientôt sont longues de 50 millimètres ; ses organes génitaux se sont développés et sont prêts pour la propagation de l'espèce.

Ces différences de coloration ont été figurées par l'auteur.

Les Criquets qui se sont abattus sur les environs d'Alger, en 1891, étaient, les mâles, d'un jaune brillant uniforme avec des taches brunâtres sur les ailes, les femelles moins jaunes, plus brunâtres, quelquefois grisâtres même, avec le dessous de l'abdomen et du thorax d'une teinte plombée.

Mais les Criquets auxquels ils donnent naissance sont d'une tout autre couleur lorsqu'ils arrivent à l'état adulte. Ils ne sont pas jaunes, mais roses, bleutés et tachetés de points noirs. Seul le prothorax offre quelques points jaunes.

Les Criquets que l'on trouve dans le sud de l'Algérie sont d'un rose vif.

C'est à mesure qu'ils avancent en âge que ces insectes, de roses qu'ils étaient, deviennent jaunes.

Ce sont donc les Criquets roses qui sont les plus redoutables, puisque leur existence ne fait que commencer, et ce sont ceux-là surtout qu'il faut combattre.

Catalogue raisonné des Orthoptères des environs de Gisors.

(*Annales de la Société Entomologique de France*, 1891, t. LX, Bull., p. LXXV.)

(N° 43)

Les faunes locales ont toujours un grand intérêt, car elles permettent de connaître l'aire de dissémination des espèces.

Visitant chaque année les environs de Gisors depuis son enfance, M. Brongniart a pu recueillir dans cette localité des plantes rares et des animaux intéressants. Il donne dans cette note une liste de 34 espèces d'Orthoptères appartenant aux familles des Forficulides, des Blattides, des Acridides, des Locustides et des Gryllides. Il termine en faisant remarquer que le *Decticus verrucivorus* qu'il avait rencontré souvent a disparu complètement et attribue sa disparition à une épidémie causée par des Cryptogames du genre *Entomophthora* dont il a observé à maintes reprises l'abondance dans ces environs.

γ. — HÉMIPTÈRES

Note sur des Homoptères de Madagascar.

(*Bulletin du Muséum*, n° 3.)

(N° 73)

Les entomologistes savent que par suite de certains phénomènes d'homochromie et de ressemblance les insectes peuvent se dérober à la vue de leurs ennemis. L'auteur signale des Homoptères qui à cet égard sont des plus intéressants. Ils appartiennent au genre *Flatoides* de Guérin et proviennent de Madagascar.

On n'en connaissait qu'un petit nombre d'espèces décrites surtout d'après la coloration des élytres. M. Brongniart montre que, ces insectes variant, sous le rapport de la coloration, d'un individu à l'autre, il est nécessaire, pour distinguer les espèces, de s'appuyer sur des caractères plus sérieux. L'étude de la nervation en fournit d'excellents et l'auteur annonce qu'il a pu distinguer neuf espèces nouvelles.

Si la coloration au point de vue spécifique importe peu, elle sert beaucoup à l'animal à se dérober aux yeux de ses ennemis, et l'auteur montre combien ces insectes se confondent avec les lichens, les mousses, les écorces sur lesquels ils se posent. Ces Homoptères sont également intéressants par leur distribution géographique. En effet, le plus grand nombre des espèces connues provient de Madagascar et des îles voisines et semble caractéristique de cette région. On n'en rencontre pas en Afrique. Au contraire on en a signalé aux Philippines, à la Nouvelle-Guinée.

La distribution géographique de ces insectes vient par conséquent corroborer les notions que nous fournit l'étude des autres Animaux, de l'Homme et des Végétaux, et montrer que, si Madagascar n'a jamais eu de lien avec l'Afrique, cette grande terre en a eu bien plutôt avec le sud de l'Asie, la Malaisie et la Mélanésie.

δ. — COLÉOPTÈRES

Collection d'insectes formée dans l'Indo-Chine par M. Pavie, consul de
France au Cambodge. Coléoptères Longicornes.

(*Nouvelles Archives du Muséum d'histoire naturelle*, 3ᵉ série, t. III, p. 237-254, pl. X. — *Annales de la Société Entomologique de France*, 1890, Bull., p. CXXI et CLXXXIII.)

(Nᵒˢ 45, 47, 55)

M. Brongniart, s'étant occupé spécialement de la collection des Longicornes du Muséum, a été chargé par M. Émile Blanchard d'étudier les
espèces de cette famille recueillies dans l'Indo-Chine par M. Pavie. Il en
a signalé 59 dont plusieurs nouvelles et un genre nouveau, *Pavieia*.
Ce genre est très intéressant, non seulement par ses caractères,
mais aussi à cause de sa présence dans l'ancien continent, car tous les
genres qui s'en rapprochent sont américains. Parmi les espèces nouvelles il en est une des plus remarquables appartenant au genre *Rosalia*
(*R. Lameerei*), servant en quelque sorte de passage entre une espèce eu-
ropéenne (*Rosalia alpina*), une espèce japonaise (*R. Batesi*) et une
espèce américaine (*R. funebris*).

Note sur quelques Coléoptères, provenant de la côte ouest de Java,
donnés au Muséum par M. J.-D. Pasteur.

(*Bulletin du Muséum*, 1895, nᵒ 1, p. 17.)

(Nᵒ 70)

Ayant organisé, dans une salle des galeries du Muséum, l'exposition
des Coléoptères de la côte ouest de Java donnés par M. J.-D. Pasteur,
M. Brongniart fait remarquer l'intérêt que présente cette collection,
non seulement par le choix des échantillons, la rareté des espèces, mais

aussi à cause des séries d'individus qui permettent de voir dans quelles limites peut varier chaque espèce.

L'auteur signale à ce sujet un certain nombre de types, parmi les Longicornes, les Lucanides, les Brenthides et les Lamellicornes, qui offrent des variations si considérables dans la taille et dans la dimension des appendices qui ornent la tête ou le thorax qu'on serait tenté souvent de les considérer comme espèces distinctes.

L'absence d'appendices céphaliques et thoraciques chez certains mâles, leur taille exiguë, ne paraissent pas avoir d'influence sur les organes reproducteurs qui ne semblent pas atrophiés.

Note sur la présence du *Calosoma indagator* à Montmorency.

(*Bulletin de la Société Entomologique de France*, 1889 (6), t. IX, Bull., p. ccxl.)

(N° 41)

E. — HYMÉNOPTÈRES

Note sur les mœurs du *Cemonus unicolor*.

(*Annales de la Société Entomologique de France*, 1890 (6), t. X, Bull., p. XCIII.)

(N° 44)

Cette note est consacrée au développement d'un Hyménoptère, le *Cemonus unicolor*, recueilli aux environs de Paris. Les larves de cet insecte étaient contenues dans des tiges de roseau commun (*Arundo phragmites* L.) renflées en forme de fuseau à l'extrémité.

Cette sorte de galle est produite par un Diptère, *Lipara lucens*. Le Diptère éclôt et abandonne sa retraite; le *Cemonus* s'en empare, y dépose ses œufs séparés les uns des autres par une cloison et approvisionne chaque loge avec des pucerons.

Mais le *Cemonus* a lui-même des parasites Diptères du genre *Macronychia*.

En résumé, le *Cemonus* utilise la galle d'un Diptère et est à son tour victime d'un parasite Diptère.

Note sur des Hyménoptères du genre *Polistes* (*P. americanus*), recueillis par M. Diguet en Basse-Californie.

(*Bulletin du Muséum*, 1895, n° 2, p. 37.)

(N° 72)

Dans cette note, l'auteur fait connaître des Hyménoptères (*Polistes americanus*), rapportés de la Basse-Californie par M. Diguet, et qui construisent leurs nids en quantité prodigieuse, les fixant aux arbustes ou à l'entrée de certaines cavernes. Ces *Polistes* approvisionnent leurs cellules avec un miel d'une nature particulière, qui a été l'objet d'une étude intéressante de M. Bertrand.

ζ. — MÉLANGES

Étude sur les Insectes, Arachnides, Myriapodes et Crustacés,
rapportés du Congo par M. de Brazza.

(Revue Scientifique.)

(N° 30)

A la suite d'une exposition des collections recueillies au Congo par
M. de Brazza et rapportées par lui au Muséum, M. Brongniart indiqua
les espèces d'animaux articulés les plus remarquables rapportées par
ce voyageur.

II. — ARACHNIDES

Fonctions de l'organe pectiniforme des Scorpions.

(*Comptes Rendus de l'Académie des Sciences*, 28 décembre 1891, t. CXIII.)
(En collaboration avec M. Gaubert.)

(N° 58)

On a longtemps discuté sur les fonctions des organes pectiniformes des Scorpions. Certains auteurs les ont considérés comme destinés à nettoyer les palpes, les pattes et le bout de la queue, d'autres en ont fait les organes externes de la génération. Tréviranus croyait qu'ils étaient le siège de la sensualité; Léon Dufour admettait que ces organes servaient à la copulation. On les regardait ordinairement comme des organes de tact.

Toutes ces opinions ne reposaient sur aucune donnée, sur aucune expérience.

Dans son admirable ouvrage qui a pour titre : *l'Organisation du règne animal*, M. Émile Blanchard, en l'année 1853, écrivait ce qui suit :

« Si l'on tient compte de la position qu'occupent les appendices pectiniformes de chaque côté de l'orifice génital; si l'on songe que l'accouplement ne peut avoir lieu que le mâle et la femelle placés ventre à ventre, que la longueur du corps et la surface unie des téguments sont des obstacles à cette juxtaposition, on demeure presque convaincu que les appendices pectiniformes servent simplement aux deux individus à se maintenir dans la situation nécessaire, les lamelles des peignes s'enchevêtrant les unes dans les autres...; personne, ajoute-t-il, n'a surpris les Scorpions accouplés. »

Dans cette note, M. Brongniart annonce que des Scorpions ont été observés pendant l'accouplement, qu'ils sont alors ventre à ventre et que les dents des peignes sont enchevêtrées les unes dans les autres.

C. BRONGNIART.   6

Il s'agissait de savoir si les peignes étaient uniquement des organes de maintien, ou s'ils servaient, en outre, à l'excitation pendant l'accouplement. L'étude anatomique semble confirmer cette dernière hypothèse.

M. Blanchard a montré que les organes pectiniformes contenaient chacun un nerf :

« En arrière de l'origine des nerfs des pattes de la quatrième paire, dit-il, on trouve encore, de chaque côté, un nerf assez grêle, qui remonte et distribue ses rameaux dans la partie supérieure du céphalothorax. Plus en arrière et sur un plan inférieur, on découvre les nerfs des organes pectiniformes ; ceux-ci passent sous les oviductes ou sous les conduits déférents, et pénètrent dans les appendices qu'ils doivent animer. Peu après leur origine, ils deviennent très grêles ; les branches qu'ils fournissent aux dents ou lamelles des appendices sont d'une extrême finesse. »

Cette description a été complétée par l'étude histologique.

Le nerf s'étend dans toute la longueur du peigne et assez près du bord antérieur, qui est dépourvu de lamelles. Il envoie à chacune de ces lamelles une branche, qui aboutit à l'autre extrémité.

Le nerf se termine par un ganglion, qui, sur des coupes longitudinales, se montre formé par des cellules disposées en chapelet, qui se rendent de l'extrémité du nerf à la couche chitinogène, très épaisse dans la partie correspondant au ganglion. Les cellules sont au nombre de cinq à dix pour chaque série, offrant, chacune, un noyau volumineux, et des fibres nerveuses émanant des cellules passent entre les rangées de ces cellules.

Le ganglion est séparé de la couche chitinogène par une couche épaisse de tissu conjonctif. Des fibres nerveuses traversent la couche chitinogène et vont se rendre dans les pores surmontés d'une éminence conique, à parois excessivement minces, et qui ne sont, en somme, que des poils très courts. Chaque fibre présente une cellule nerveuse avant sa terminaison. Ces poils occupent l'extrémité et la plus grande partie du bord interne des dents.

On peut conclure de ce qui précède que les organes pectiniformes permettent aux Scorpions de se maintenir pendant l'accouplement et servent probablement d'organes excitateurs. En outre, il résulte de l'observation suivante que ce sont des organes de tact. Il suffit, pour s'en convaincre, d'observer ces Arachnides lorsqu'ils marchent. Les organes pectiniformes, appliqués contre le corps à l'état de repos, sont très mobiles pendant l'activité de l'animal. Grâce aux muscles nombreux dont ils sont pourvus, les peignes peuvent se placer dans tous les sens, et le Scorpion s'en sert alors comme d'organe de tact, semblant se rendre compte de la nature du sol sur lequel il est posé.

Par analogie, et d'après la structure anatomique, il semble permis de supposer que les raquettes coxales des Galéodes sont des organes excitateurs pendant l'accouplement.

En septembre 1894, M. Brongniart a pu observer à Nîmes, chez M. Galien Mingaud, un Scorpion tenu en captivité dans une cage recouverte d'une toile métallique. Cet Arachnide, ayant réussi à gagner la toile métallique, s'y promenait, montrant sa face ventrale. Les peignes étaient continuellement en mouvement et l'animal, les remuant dans tous les sens, semblait s'en servir comme d'organes tactiles pour se rendre compte de la nature des corps sur lesquels il marchait.

Cette observation vient donc encore corroborer l'étude anatomique.

III. — MALADIES DES INSECTES CAUSÉES
PAR LES CRYPTOGAMES

(Nᵒˢ 7, 8, 9, 12, 16, 35, 51, 52, 54 et 59)

M. Brongniart, soit seul, soit en collaboration avec **M. Maxime Cornu**, a signalé des épidémies sévissant sur des insectes de divers ordres et causées par des cryptogames.

Ces parasites appartiennent à deux groupes très différents : les uns sont des Entomophthorées, les autres sont des formes *Botrytis*.

Les premiers (*Entomophthora*) ont été observés sur des Diptères de genres très différents (*Syrphus* et *Scatophaga*) et sur des Criquets de nos gazons des genres *Stenobothrus*, *Gomphocerus*, etc. Ils en amenaient rapidement la destruction en masse.

Les seconds, très voisins de la Muscardine, déterminaient la mort des Criquets pèlerins (*Schistocerca peregrina* Oliv.) en Algérie, en 1891.

La conséquence directe de ces constatations d'épidémie sévissant sur les insectes, c'est que ces derniers sont soumis comme l'homme à des maladies parfois très généralisées et probablement beaucoup plus fréquentes qu'on ne le croit, et tous les travaux sur ce sujet ont certainement de l'utilité, ne fût-ce qu'à titre de renseignement et pour ainsi dire de statistique.

Dans tous les cas, on peut conclure que ces cryptogames paraissent avoir dans la nature un rôle très important, qui consiste à supprimer, par des sortes d'épidémies, les insectes trop prolifiques.

Il est aussi permis d'espérer qu'on arrivera à les utiliser pour la destruction des insectes nuisibles.

IV. — ENTOMOLOGIE MÉDICALE

Sur une Cigale vésicante de la Chine et du Tonkin.

En collaboration avec M. Arnaud.

(*Comptes Rendus de l'Académie des Sciences*, 27 février 1888.)

(Nº 32)

Les Chinois emploient, dans leur thérapeutique, des médicaments externes fournis par la classe des Insectes. Ils utilisent plusieurs Coléoptères du groupe des vésicants.

Les auteurs font connaître un autre insecte, un Hémiptère voisin des Cigales (*Huechys sanguinolenta*), que les Chinois nomment Cha-Ki et dont ils se servent dans un assez grand nombre de maladies, contre des inflammations de la matrice, contre la rage, etc.

L'étude chimique montre que cet insecte, bien qu'indiqué comme vésicant, ne contient pas de cantharidine et doit ses propriétés à une huile ou à un principe tenu en dissolution dans cette huile comparable à celui qui agirait à la façon du *Croton tiglium* extrait du Pignon de l'Inde.

V. — ANIMAUX ARTICULÉS FOSSILES

1° INSECTES

—

A. — *Insectes des terrains primaires.*

—

Sur la découverte d'une empreinte d'Insecte dans les grès siluriens
de Jurques (Calvados).

(*Comptes Rendus de l'Académie des Sciences*, t. XCIV, p. 1161, 29 décembre 1861.)

(N° 25)

La présence des Insectes avait été signalée dans les terrains dévo-
niens du Nouveau-Brunswick et dans les diverses couches carbonifères d'Europe et d'Amérique.

M. Brongniart montre que l'existence de ces êtres était encore plus
ancienne, car il décrit une empreinte d'aile qui remonte à l'époque
silurienne et qui provient des grès du silurien moyen de Jurques
(Calvados). C'est là le plus ancien animal terrestre connu.

Les Insectes de l'époque houillère.

(Nᵒˢ 6, 19, 20, 21, 22, 24, 26, 27, 28, 29, 36, 37, 38, 39, 40,
49, 65, 67 et 70)

Le premier indice de l'existence ancienne des insectes a été signalé
en 1833 par Victor Audouin, lorsqu'il fit connaître l'empreinte d'une

FIG. 4. — *Mischoptera nigra* de grandeur naturelle. (D'après une photographie de l'échantillon.)

aile de Névroptère (1) provenant des nodules de minerai de fer de Coal-
broock Dale qui appartient à la période houillère.

Depuis ce moment, Germar, Goldenberg, Heer, H. Woodward et
S.-H. Scudder décrivirent divers insectes du même âge représentés par

(1) Il fut nommé *Corydalis Brongniarti* par Audouin et Mantell.

des empreintes dont la netteté laissait beaucoup à désirer et ne donnait que des renseignements peu certains sur la nature des animaux dont elles provenaient.

Jusque dans ces dernières années, la France semblait, sous ce rapport, moins bien partagée que l'Allemagne, la Grande-Bretagne et surtout l'Amérique du Nord, car elle n'avait donné aucun débris d'insecte.

Aujourd'hui, au contraire, ce sont les couches primaires de notre pays qui fournissent les documents les plus certains sur l'histoire des insectes des époques anciennes, car d'admirables collections en

Fig. 5. — *Homaloneura Bonnieri*. Grandeur naturelle. (D'après un dessin de l'auteur.)

ont été faites par M. H. Fayol dans les houillères de Commentry. Depuis une quinzaine d'années, de nombreux insectes fossiles ont été découverts par ce savant ingénieur, qui, avec la plus grande libéralité, s'est dessaisi de ses récoltes en faveur de M. Brongniart pour lui permettre de les étudier.

Ce travail était des plus délicats et prit à l'auteur plus de seize années. L'examen des empreintes, leur groupement n'était pas toujours simple, car elles étaient souvent difficiles à déchiffrer ; puis, lorsqu'on y était parvenu, même si les empreintes étaient dans un parfait état de conservation, on éprouvait de l'embarras à définir la position du fossile dans la classification, car on trouvait des types intermédiaires qui ne rentraient pas dans les familles ou dans les genres établis pour les insectes actuels.

Il fallait enfin représenter ces empreintes pour les comparer aux espèces vivantes et les dessins de ces ailes à nervation si fine exigèrent

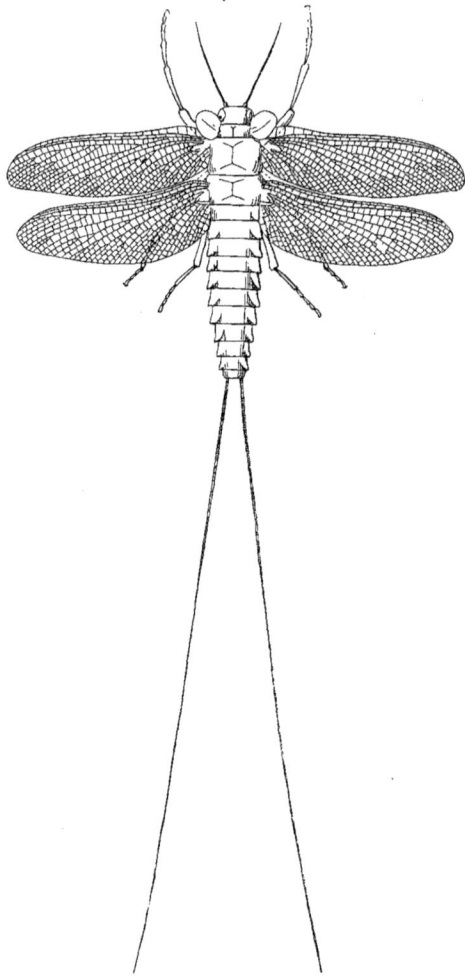

Fig. 6. — Restauration de *Homaloneura Bonnieri* (de grandeur naturelle).

de l'auteur un temps considérable, une grande patience et lui causèrent souvent une grande fatigue.

L'auteur publia successivement depuis 1878 les principaux résultats auxquels le conduisaient ses études et fit paraître en 1894 un travail d'ensemble sur ce sujet. Cet ouvrage, qui se compose d'un volume de texte de 493 pages, est orné de figures, et accompagné d'un atlas de 37 planches in-folio dont plusieurs sont doubles.

Les conclusions de l'auteur sont les suivantes :

Dès la période houillère les insectes étaient nombreux en espèces et ils appartenaient au moins à quatre ordres : les Névroptères, les Orthoptères, les Thysanoures et les Homoptères. Beaucoup d'entre eux étaient de taille gigantesque et quelques-uns dépassaient par leurs dimensions les plus grands des animaux de ce groupe qui vivent actuellement ; quelques-uns en effet mesuraient près de 70 centimètres d'envergure.

Bien que leur organisation soit, dans ses traits généraux, la même que celle des insectes qui vivent autour de nous, elle présente dans certains types des caractères d'une grande importance, car ils jettent une vive lumière sur certains points obscurs de la morphologie de ces animaux et marquent les étapes successives que le type Insecte a subies avant d'arriver à sa forme définitive.

Chez ces anciens insectes, le thorax est divisé en trois segments toujours reconnaissables, au lieu de former une masse unique comme on le voit généralement ; on peut en conclure que les ganglions nerveux de cette partie du corps étaient distincts les uns des autres.

Le premier segment thoracique des insectes actuels porte la première paire de pattes, mais il est toujours dépourvu d'ailes. Ces organes de vol, au nombre de deux paires au maximum, sont insérés sur le méso et sur le métathorax.

Quelques-uns des insectes de l'époque carbonifère offrent déjà cette disposition, mais il en est d'autres où le nombre des ailes répond à celui des pattes et où une première paire d'ailes occupe le premier segment thoracique. Ces Arthropodes sont donc *hexaptères* comme ils sont *hexapodes*. Ces premières ailes, plus petites que les autres, ressemblent aux élytres rudimentaires du mésothorax des Phasmides ; elles affectent l'apparence de lames arrondies à leur extrémité, soutenues par des nervures et rétrécies à leur base. Il est probable que, lorsque l'on connaîtra les insectes qui ont précédé ceux de la période houillère, on constatera que les dimensions des ailes prothoraciques étaient presque égales à celles qui viennent après, ou bien que les trois paires d'ailes étaient petites et égales entre elles. Ces appendices alaires du prothorax ont disparu chez les insectes actuels; ils sont *tétraptères* ou même *diptères* et parmi les premiers on remarque une réduction notable dans la longueur de l'une des paires d'ailes, tantôt de la paire mésothoracique

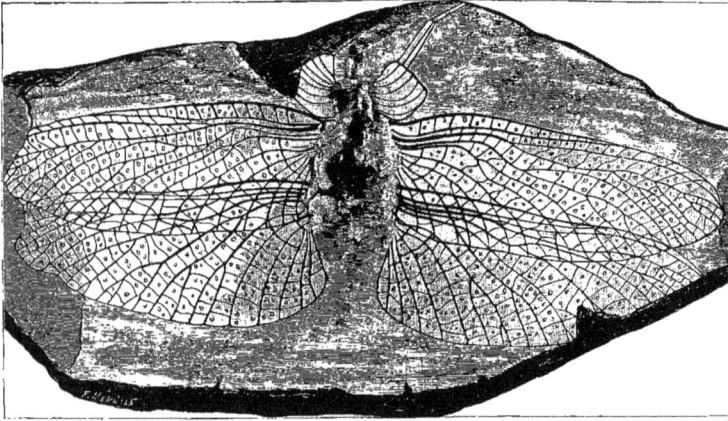

FIG. 7. — *Homoioptera Woodwardi*, réduit d'un huitième. (Figuré d'après un dessin de M. Brongniart.)

(quelques Coléoptères, Forficules, Phasmes, etc.), tantôt de la paire métathoracique (Lépidoptères, Hyménoptères, Éphémères, etc.).

En outre plusieurs de ces anciens insectes ont conservé à l'état adulte des caractères qui ne se retrouvent de nos jours que chez des nymphes ou chez des larves. Ainsi, chez quelques-uns, les membranes supérieure et inférieure des ailes n'étaient pas intimement soudées l'une à l'autre, comme cela se voit encore dans les moignons alaires des nymphes et par conséquent devaient permettre au sang de circuler librement. Ces mêmes insectes et d'autres de groupes différents offrent, à l'état adulte, des appendices latéraux de l'abdomen qui nous paraissent comparables aux lames respiratoires de certaines larves de Névroptères dans lesquelles se distribuent de nombreuses trachées, mais qui n'ont qu'une courte durée, excepté dans certaines espèces de la famille des Perlides. Doit-on en conclure que l'existence de cet appareil pseudo-branchial était lié aux nécessités de la vie d'insectes constamment plongés dans une atmosphère chaude et humide comme celle des rivages du lac de Commentry? On ne saurait l'affirmer et il faut se borner à en indiquer la possibilité,

Si maintenant on examine les insectes fossiles primaires au point de vue des rapports qu'ils offrent avec la faune actuelle, on voit qu'ils

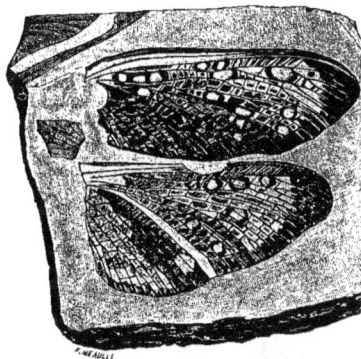

FIG. 8. — *Lamproptilia Grand'Euryi* (réduit d'un tiers). (Figuré d'après le dessin de M. Brongniart.)

diffèrent tout à fait des types vivants, non seulement spécifiquement et génériquement, mais même qu'ils ne peuvent rentrer dans les familles créées pour les types qui vivent de nos jours ; il a été nécessaire de former des groupes nouveaux qui prennent place dans les ordres actuels. Les NÉVROPTÈRES sont largement représentés et offrent déjà une grande variété de formes. M. Brongniart y a reconnu six familles qui ont des rapports avec les Éphémérides, les Odonates et les Perlides. C'est parmi ces Névroptères qu'il existe des types à six ailes ou possédant des lames respiratoires abdominales et des espèces de très grande taille se rapprochant de nos Libellules.

L'ordre des ORTHOPTÈRES est représenté par des Blattes, des Phasmes, des Locustes et des Criquets, c'est-à-dire à peu de chose près par les groupes qui sont encore vivants. Cependant on remarque des différences secondaires assez notables entre ces anciens insectes et leurs représentants actuels, différences qui résident principalement dans la disposition des ailes. Ainsi, tandis que les ailes postérieures de nos Orthoptères offrent un champ anal très large, traversé par des nervures disposées en

FIG. 9. — *Protophasma Dumasii* (réduit d'un tiers.

éventail et qui se replie sous les champs antérieurs, les insectes houillers avaient les deux paires d'ailes moins différenciées et les postérieures ne présentaient pas un champ anal très développé.

Un autre caractère du plus haut intérêt se rencontre chez les Blattes. Les espèces de notre époque pondent leurs œufs contenus dans une capsule ovigère, d'autres sont vivipares ; les PALÉOBLATTIDES étaient pourvus d'un oviscapte et pondaient probablement leurs œufs un à un, comme le font nos Sauterelles et nos Phasmes.

Les Phasmes actuels ont les ailes de la première paire réduites à l'état d'écailles; les Protophasmides houillers avaient les quatre ailes bien développées.

Les Protolocustides et les Paléacridides représentaient les Orthoptères sauteurs; mais leurs ailes postérieures égalaient les antérieures et ne se repliaient pas en éventail. De plus les Paléacridides avaient de longues antennes, tandis que celles de nos Criquets sont courtes.

Les Homoptères étaient représentés dans les temps primaires par des types dont la nervation des ailes rappelle beaucoup celle des Fulgorides;

Fig. 10. — Œdischia Williamsoni (de grandeur naturelle). Reproduction de l'échantillon.

mais, tandis que ces derniers ont des antennes très réduites, ces organes étaient au contraire très développés chez les Protofulgorides.

Enfin quelques espèces présentaient les pièces buccales allongées, ce qui permet de penser que ces insectes puisaient à l'aide de ces instruments les sucs des végétaux.

En mettant de côté les Blattes dont M. Brongniart fera une étude détaillée ultérieurement, l'auteur a reconnu 62 genres représentés par 137 espèces, sur lesquels 46 genres et 103 espèces sont nouveaux et proviennent de Commentry.

Cette étude éclaire d'un jour nouveau l'histoire et le développement des insectes : elle prouve leur antiquité; elle montre qu'ils n'avaient

Fig. 44. — Restauration de **Meganeura Monyi**. (La figure est très réduite : l'insecte a, d'après son empreinte, soixante-dix centimètres d'envergure.)

pas acquis, malgré leur grande taille, le perfectionnement organique que nous leur connaissons de nos jours.

L'étude des insectes fossiles primaires vient enfin corroborer les données fournies par les végétaux relativement à la climatologie de la période houillère et prouver que l'atmosphère était alors humide et chaude, et qu'il y avait sans doute une lumière intense.

Tous les échantillons typiques qui ont servi à cette étude ont été donnés au Muséum d'Histoire Naturelle par M. Brongniart, dans le service de la Paléontologie.

B. — *Insectes des terrains tertiaires.*

(*Bulletin Scientifique du Département du Nord*, 1ʳᵉ année, nᵒ 4, avril 1878, p. 73, et *Annales de la Société Entomologique de France* (6), t. VII et LXII.)

(Nᵒˢ 2, 6, 14 et 63)

Oswald Heer avait créé les genres *Protomyia* et *Bibiopsis* pour des Diptères qu'il croyait différents de ceux de la faune actuelle. Il s'appuyait sur un caractère tiré de la nervation des ailes pour séparer les *Protomyia* et les *Bibiopsis* des espèces d'un genre encore existant, les *Plecia*.

Ayant repris attentivement l'examen des types décrits par Oswald Heer et que ce savant avait bien voulu lui communiquer, M. Brongniart put se convaincre que Heer n'avait pas vu les nervures caractéristiques des *Plecia*, mais qu'elles existaient réellement sur les échantillons de *Protomyia*. Le genre *Protomyia* devait donc disparaître de la nomenclature et les espèces qu'on y avait groupées devaient rentrer dans le genre *Plecia*.

Ce résultat était intéressant, car il nous renseignait sur le climat de l'époque tertiaire. En effet, les espèces actuelles du genre *Plecia*, qui sont de trente environ, ne se rencontrent que dans l'Amérique tropicale, à Java, en Chine, à Pondichéry, en Tasmanie, etc.; jamais leur présence n'a été signalée en Europe. Au contraire, à l'époque tertiaire elles étaient très répandues dans nos contrées, en France même. On peut en conclure qu'à l'époque tertiaire le climat de l'Europe, de la France, était sensiblement le même que celui des régions tropicales du globe.

M. S.-H. Scudder ayant créé le nom de *Mycephaetus intermedius* pour une empreinte découverte dans les couches tertiaires du Colorado, M. Brongniart pense que cet insecte présentant les caractères de la nervation des *Plecia* doit être placé dans ce genre. M. Scudder, depuis, s'est rallié en partie à cette opinion.

2° ARACHNIDES.

Note sur une Aranéide fossile des terrains tertiaires d'Aix en Provence.

(*Annales de la Société Entomologique de France*, 5ᵉ série, t. VII, p. 221, pl. 7.)

(N° 5)

Marcel de Serres avait signalé sans les décrire quatre Arachnides des terrains tertiaires d'Aix. Walckenaer avait fait une étude spéciale des Araignées trouvées dans le succin des terrains tertiaires de Prusse.

Mais on n'avait encore aucune description d'Aranéide des marnes tertiaires.

M. Brongniart étudie dans cette note une espèce d'Araignée provenant des marnes grises d'Aix (Éocène supérieur), faisant partie des collections du Muséum et que M. Gaudry a bien voulu lui communiquer.

Il décrit minutieusement cette petite espèce qu'il nomme *Attoides eresiformis* et la compare aux types vivants des familles des *Enyoidæ, Attidæ, Eresidæ*, dont se rapproche le fossile.

3° CRUSTACÉS

Note sur un nouveau genre d'Entomostracé fossile provenant du terrain carbonifère de Saint-Étienne (*Palæocypris Edwardsii*).

(*Comptes Rendus de l'Académie des Sciences*, 28 février 1876. — *Annales de la Société Entomologique de France*, 1876. Bull., p. XLI. — *Annales des Sciences Géologiques*, t. VII, n° 3, pl. 6. — *Geological Magazine London*, vol. IV, n° 1, p. 26.)

(N° 1)

Les Entomostracés ont laissé de nombreuses traces de leur existence dans les différentes couches géologiques du globe ; les petites valves qui protègent leur corps se sont souvent parfaitement conservées avec tous leurs caractères extérieurs, tandis que l'animal lui-même se détruisait et disparaissait. Il existait donc beaucoup d'incertitude sur les affinités zoologiques de ces fossiles, les auteurs ne pouvant donner aucune indication précise sur l'organisation des animaux dont les dépouilles ont été ainsi conservées.

Par suite de circonstances particulières, M. Ch. Brongniart put étudier d'une manière très complète, non seulement les coquilles de quelques Ostracodes du terrain houiller de Saint-Étienne, mais aussi les appendices les plus délicats, tels que les antennes revêtues de leurs poils, les pattes, etc.

Les Entomostracés, au nombre de quatorze, sur lesquels ont porté ces recherches, ont été conservés dans l'intérieur d'une graine silicifiée du genre *Cardiocarpus* dont M. Renault avait fait des préparations en lames minces pour les études que M. Adolphe Brongniart poursuivait sur les graines silicifiées du terrain houiller.

Cette graine avait évidemment séjourné dans l'eau douce, elle s'était fendue ; ces Crustacés ont dû chercher un refuge dans la cavité ainsi formée ; surpris par le dépôt siliceux qui s'est substitué au tissu de la graine, ils ont été englobés et préservés ainsi de toute destruction.

Après une étude attentive, l'auteur fut amené à regarder ces Ostracodes comme étant voisins des *Cypris* actuels, mais s'en distinguant par plusieurs caractères essentiels, et il dédia cette espèce à M. A. Milne-Edwards sous le nom de *Palæocypris Edwardsii*.

Ces petits Crustacés n'ont qu'un millimètre de long. L'auteur les décrit en les comparant aux genre actuels *Cypris, Cypridopsis, Candona* et *Notodromas* et montre la grande similitude qui existe, au point de vue de l'organisation, entre tous ces animaux, dont les uns (*Palæocypris*) vivaient à l'époque du dépôt de la houille et dont les autres appartiennent à la nature actuelle.

4º PERFORATIONS D'INSECTES DANS LES BOIS FOSSILES.

Note sur des perforations observées dans deux morceaux de bois fossiles.

(Annales de la Société Entomologique de France, 5ᵉ série, t. VII, p. 215, pl. 7.)

(Nᵒˢ 3 et 4)

M. Brongniart étudie des perforations pratiquées par des insectes dans des morceaux de bois dont les uns remontent à l'époque du dépôt de la houille, et dont les autres proviennent d'une des couches les plus importantes du terrain crétacé, le Gault.

Peu de naturalistes se sont occupés des bois fossiles perforés. Geinitz cependant avait signalé dans les grès verts supérieurs et inférieurs de Saxe des débris de bois perforés par des Coléoptères de la famille des Cérambycides.

L'auteur pense que ce sont aussi des Coléoptères qui ont pratiqué les galeries dans les bois fossiles qu'il a étudiés. Des *Hylesinus* ou du moins des espèces analogues à ce genre auraient ravagé le bois de conifères du terrain houiller et des représentants de la famille des Bostriches auraient percé le bois fossile du Gault.

L'auteur conclut de cette étude qu'il existait des insectes xylophages à l'époque houillère et dans les terrains crétacés et que les mœurs et les habitudes de ces insectes étaient à peu près les mêmes que de nos jours.

2° VERTÉBRÉS FOSSILES

POISSONS DES TERRAINS CARBONIFÈRES

Faune ichthyologique des terrains houillers de Commentry. Monographie
du *Pleuracanthus Gaudryi*.

(*Comptes Rendus de l'Académie des Sciences*, 23 avril 1888. — *Bulletin de la Société Géologique de
France*, 3ᵉ série, t. XVI. — *Bulletin de la Société de l'Industrie Minérale de Saint-Étienne*, 3ᵉ série,
t. II, 1888, 6 pl. in-folio.)

(Nᵒˢ 36 et 37)

La faune ichthyologique de Commentry se compose, pour les Ganoïdes,
de types tout particuliers.

Une seule espèce avait été décrite par Egerton sous le nom d'*Amblypterus decorus;* or cette espèce, retrouvée par M. Fayol, est spéciale
à Commentry. Toutes les autres espèces sont nouvelles et se rapportent
aux genres *Amblypterus*, *Rhadinichthys*, et à un genre nouveau, voisin des
Palæoniscus.

Le second groupe est extrêmement remarquable ; il est représenté par
des Poissons à squelette cartilagineux, qui semble ossifié en certains
points, et offre des particularités qu'on ne retrouve chez aucun Poisson,
vivant ou fossile.

Le corps est assez allongé, peu élevé, et rappelle beaucoup, par sa
forme, celui des Squales. La longueur du corps varie entre 45 centimètres et 1 mètre environ, ce qui prouve que les empreintes se rapportent à des Poissons de différents âges.

Le contour du corps est visible et se détache en noir sur le fond plus
clair du schiste. La peau était nue.

Toutes les parties du squelette présentent une structure en mosaïque
spéciale aux Poissons cartilagineux.

La tête, à parois épaisses, n'est pas complètement ossifiée, et il est impossible de distinguer les pièces qui la composent. Elle est aplatie, large, courte, tronquée en avant, ressemblant à celle du *Ceratodus*.

Sur l'un des échantillons on remarque quatre sillons qui représentent très probablement les arcs branchiaux et qui portent à leur base de petits rayons qui ne sont autre chose que la charpente des branchies.

Un long aiguillon droit, terminé en pointe, est fixé à la portion supérieure et postérieure du crâne.

Il présente des sillons à sa portion basilaire, et de chaque côté, vers son extrémité, une rangée de crochets courts dirigés en bas.

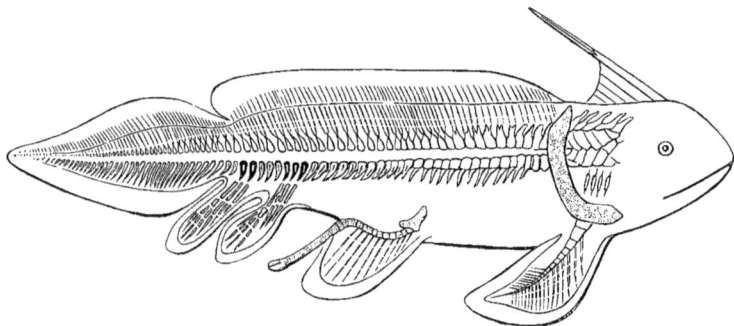

Fig. 12. — Restauration du squelette du *Pleuracanthus Gaudryi* des houillères de Commentry.

L'aiguillon du Permien de Muse, désigné par M. Albert Gaudry sous le nom de *Pleuracanthus Frossardi* et le *Pleuracanthus pulchellus* (Davis) du Cannel-Coal de la Grande-Bretagne, ont dû appartenir à des animaux très voisins de ce Poisson.

La colonne vertébrale est à demi ossifiée. Les neurapophyses et les hémapophyses sont nettement distinctes. Ce fossile rappelle en cela les Dipnoï, les Halocéphales, les Sturioniens, ainsi que les *Caturus*, parmi les Lépidostéides fossiles.

Les arcs neuraux sont presque toujours bifurqués à leur extrémité.

La queue se termine en pointe, et la corde dorsale la divise en deux parties égales ; mais les arcs neuraux bifurqués sont moitié plus courts que les arcs hémaux ; ces derniers ne portent aucune espèce de rayon, tandis que les premiers offrent un interépineux et un rayon de nageoire.

Les hémapophyses sont égales en longueur aux neurapophyses surmontées de leurs interépineux.

Ce Poisson est un *Leptocerque*, puisque sa queue se termine en pointe ; il est diphycerque si l'on ne regarde que la queue recouverte de ses téguments ; il est hétérocerque, bien qu'avec une apparence opposée, si l'on examine avec soin le squelette.

Les nageoires impaires sont intéressantes à signaler.

La nageoire *céphalique* est courte, et son premier rayon est l'aiguillon barbelé. Presque immédiatement vient une longue nageoire dorsale qui s'étend jusqu'à la caudale.

Cette dorsale est soutenue par des rayons de nageoires en rapport avec les interépineux reliés aux neurapophyses par des osselets surapophysaires, comme cela se remarque chez plusieurs Poissons fossiles (*Undina, Macropoma*, etc.).

Il existe deux nageoires anales placées l'une derrière l'autre, et qui ont l'apparence de véritables membres. Peu larges à leur base, elles s'élargissent d'abord, puis se rétrécissent à leur extrémité. Leur charpente est très curieuse et presque identique. Les hémapophyses qui les portent sont tronquées au lieu de se terminer en pointe. Les deux premières hémapophyses portent des interépineux très grêles qui sont en rapport chacun avec un rayon de nageoire. Le troisième est plus gros, élargi à ses extrémités, et porte inférieurement un osselet plus court, plus large. De celui-ci se détachent, en haut un rayon et en bas deux osselets courts, dont le premier porte un osselet et un rayon de nageoire et dont le second porte deux osselets et deux rayons de nageoire. Il n'y a rien de comparable dans la nature vivante ou fossile.

Les nageoires pectorales sont soutenues par une ceinture scapulaire formée d'une pièce présentant une branche scapulaire et une branche claviculaire ; c'est de l'angle formé par ces deux branches que part un axe articulé et dont chaque article porte du côté externe des rayons d'un article chacun.

Une semblable disposition ne se voit que chez le *Ceratodus*.

La nageoire ventrale est portée par une ceinture pelvienne analogue à la ceinture scapulaire, et dont chaque moitié porte une série d'osselets égaux placés bout à bout, formant un axe disposé en arc de cercle.

Chacun de ces osselets porte extérieurement des rayons à deux, trois, quatre articles, et dont le dernier (de chaque moitié) porte chez le mâle un appendice long, à extrémité élargie et concave, analogue à l'appendice des organes génitaux mâles des Sélaciens et des Chimères.

L'empreinte très incomplète provenant des schistes houillers de Ruppersdorf (Bohême), que Goldfuss avait décrite sommairement en 1847 sous le nom d'*Orthacanthus Decheni*, appartenait au même genre que le Poisson de Commentry.

Beyrich, en 1848, le fit rentrer dans le genre *Xenacanthus*.

Déjà, en 1834, d'après ces empreintes médiocres, Pictet disait que l'ensemble des caractères de ce *Xenacanthus* forcerait probablement une fois à en faire une famille à part ; et cependant l'empreinte que l'on connaissait ne présentait ni la nageoire caudale, ni les anales ; en outre, il était impossible de voir des détails sur les parties conservées.

Le Poisson de Commentry présente certains caractères qu'on ne rencontre que chez les Sélaciens et les Halocéphales ; d'autres spéciaux aux Dipnoï ; d'autres qui ne se voient que chez certains Ganoïdes.

M. Brongniart propose la création de la sous-classe des *Pterygacanthidæ*, ne renfermant pour le moment qu'une seule famille, celle des *Pleuracanthidæ*, groupe synthétique et ancestral des Squales, des Cestracions, des Raies, des Chimères, des *Ceratodus*, des Sturioniens, et désigne le fossile de Commentry sous le nom de *Pleuracanthus Gaudryi*, le dédiant à M. Albert Gaudry, membre de l'Institut, le savant professeur de Paléontologie du Muséum d'histoire naturelle.

POISSONS DES TERRAINS TERTIAIRES

Notices sur quelques poissons des Lignites de Ménat.

(*Bulletin de la Société Linnéenne de Normandie*, 1880, 3ᵉ série, IVᵉ vol., pl. 3.)

(N° 14)

L'auteur fait connaître une espèce nouvelle de Poissons tertiaires du genre *Smerdis* qu'il désigne sous le nom de *S. Sauvagei*.

Il fait remarquer que les Faunes ichthyologique et entomologique aussi bien que la Flore de ce terrain montrent que le climat de la France à cette période de l'époque tertiaire était analogue à celui de l'Amérique tempérée actuelle.

B. — GÉOLOGIE

Note sur les Tufs quaternaires de Bernouville près Gisors (Eure).

(Bulletin de la Société Géologique de France, t. VIII, p. 418.)

(N° 11)

Rapport sur une excursion géologique faite à Gisors et aux environs
les 16 et 17 mai 1880.

(Bulletin de la Société d'Études Scientifiques de Paris.)

(N° 14)

Dans ces deux notes M. Brongniart résume la constitution géologique
des environs de Gisors et signale des dépôts quaternaires à Bernouville
dans lesquels on rencontre des coquilles de mollusques terrestres ou
d'eau douce et des moulages de végétaux.

Il rappelle enfin qu'il existe aux environs de Gisors plusieurs monu-
ments mégalithiques fort intéressants.

C. — ENSEIGNEMENT DE LA ZOOLOGIE
INSTRUCTIONS AUX VOYAGEURS, ETC.

Guide du Naturaliste Voyageur. Enseignement spécial pour les
Voyageurs (Animaux Articulés).

(47 pages, 28 figures.)

(N° 64)

Ce travail, qui est le résumé des leçons et conférences faites au
Muséum par M. Brongniart, peut être considéré comme un véritable
manuel destiné aux voyageurs ou aux amateurs qui désirent connaître
la façon de récolter les Insectes, les Arachnides, les Myriapodes et les
Crustacés, et les conserver soit secs, soit dans l'alcool. A la fin de cette
notice, M. Brongniart indique comment on peut rapporter des animaux
articulés vivants. Ce travail remplace pour la partie entomologique les
anciennes notices destinées aux voyageurs et publiées par le Muséum.
Dans son volume intitulé : « Conseils aux voyageurs naturalistes »,
M. H. Filhol, Professeur au Muséum, a cité presque *in extenso* la notice
de M. Brongniart.

Tableaux d'histoire naturelle. Zoologie. 1re édition, 1883 ;
2e édition, 1887 ; 3e édition, 1888.

(1re édition, 1883 ; 2e édition, 1887 ; 3e édition, 1888. 1 vol. in-4e.)

(Nos 23, 23 *bis* et 23 *ter*)

Cet ouvrage est destiné aux Étudiants en Pharmacie et à ceux qui préparent la Licence.

Il y a eu trois éditions, ce qui montre l'utilité de ce travail au point de vue des Étudiants.

HISTOIRE NATURELLE POPULAIRE. L'HOMME ET LES ANIMAUX

(1 vol. grand in-8e, 1039 pages, 870 figures et 8 planches en couleurs.)

(N° 61)

Dans le livre VI de cet ouvrage l'auteur s'occupe des animaux articulés, donnant une large place à l'étude des Insectes, sans laisser de côté les Arachnides, les Myriapodes et les Crustacés.

D. — TRAVAUX EN PRÉPARATION

1° Anatomie, Métamorphoses des Phyllies et Monographie du genre *Phyllium*.

2° Quelques points de l'anatomie d'une Blatte vivipare.

3° Les Insectes, Arachnides et Myriapodes fossiles.

(1 vol. de la *Bibliothèque Scientifique contemporaine*. J.-B. Baillière.)

4° Les Homoptères du genre *Flatoides* de Madagascar.

E. — ENSEIGNEMENT

Lorsque en 1893 fut institué au Muséum d'Histoire naturelle l'Enseignement spécial pour les Voyageurs, M. Brongniart a été chargé de la partie relative aux Animaux Articulés, c'est-à-dire aux Insectes, Myriapodes, Arachnides, Crustacés.

La variété des conditions biologiques de ces êtres est telle qu'il faut se consacrer complètement à leur étude pour arriver à les connaître.

Il était donc nécessaire d'indiquer les lieux où se tiennent les Insectes et les autres Animaux Articulés, les moyens les plus propres à leur récolte, à leur conservation et à leur transport.

A l'amphithéâtre, il a montré quels étaient ces êtres si variés, si nombreux, et dans quelles conditions on pouvait les rencontrer; puis, passant de la théorie à la pratique, il a eu l'idée de conduire ses auditeurs sur le terrain, dans la campagne, choisissant les localités les plus diverses, de façon à rechercher la faune entomologique des champs, des forêts, des eaux, etc.

Des conférences de Laboratoire complétaient cet enseignement; car il ne suffisait pas de savoir recueillir des collections, il fallait apprendre à les préparer.

Ces leçons ont été publiées (n° 64).

*
* *

Depuis 1883, M. Brongniart a fait chaque année des Démonstrations devant les collections, ou des Conférences pratiques aux Étudiants qui suivaient le Cours de Zoologie professé à l'École supérieure de Pharmacie de Paris par M. Milne-Edwards.

F. — EXCURSIONS ENTOMOLOGIQUES

L'excursion entomologique, qui avait été le corollaire des leçons faites à l'amphithéâtre pour les voyageurs, ayant été accueillie favorablement et suivie par un grand nombre de personnes, M. Ch. Brongniart, encouragé par son Maître, M. Émile Blanchard, les renouvela.

Des courses botaniques et géologiques existaient depuis longtemps et étaient extrêmement appréciées.

M. Brongniart a organisé depuis 1893 des excursions analogues pour la recherche des insectes, où il s'efforce de donner des explications aussi précises que possible sur la manière de récolter les insectes, sur leur détermination et leurs mœurs. Le succès qu'elles ont obtenu a montré leur utilité.

G. — TRAVAUX EXÉCUTÉS POUR LE MUSÉUM

1881. — Groupement préparatoire des Orthoptères de la famille des Blattides (travail exécuté sans être encore fonctionnaire, avec l'assentiment de M. le Professeur Émile Blanchard).

1886. — Groupement méthodique par ordre zoologique, d'une part, et géographique, d'autre part, des Insectes non classés et représentés par plus de vingt mille individus.

Rangement préparatoire des Coléoptères de la famille des Longicornes, puis groupement en Prioniens et Cérambyciens.

1887-1888. — Rangement de la collection des Prioniens, intercalation des espèces qui étaient restées en magasin et n'avaient pas été déterminées ; ce travail de mise en ordre a décuplé le nombre des espèces nommées de la collection.

Rangement préparatoire des Cérambyciens et commencement de rangement définitif.

1888-90. — Sous la haute direction de M. Émile Blanchard, il a organisé les collections dans les nouvelles Galeries de Zoologie.

Jusqu'alors le service de l'Entomologie ne possédait dans les anciennes Galeries, au premier étage, qu'une salle où étaient disposées les collections de Crustacés classées par M. Milne-Edwards ; au second étage se trouvaient les meubles de la collection générale et la collection publique des Insectes.

Dans les nouvelles Galeries, grâce aux nombreuses vitrines dont on disposait, des collections très diverses et nouvelles furent préparées et placées par M. Brongniart.

La collection publique des Insectes complètement refaite fut mise dans des vitrines verticales ; les meubles de la collection générale dans des meubles épines.

Mais M. le Prof. Émile Blanchard tenait essentiellement à mettre en lumière les travaux si remarquables des insectes, qui jusqu'alors n'étaient pas représentés dans nos galeries et, dans ce but, il réunit à grand'peine et souvent à grands frais des collections de ce genre qui furent disposées dans les armoires vitrées et dans des vitrines octogonales.

Les nids si délicats construits par les Hyménoptères y occupent une grande place. Beaucoup ont été rapportés par les voyageurs ou acquis ; d'autres, tels que ceux des Chalicodomes, des Osmies, ont été gracieusement offerts par M. Fabre, Correspondant de l'Institut, le savant zoologiste d'Avignon.

Ces nids ont été montés avec un soin extrême par M. Brongniart aidé de M. Sauvinet, alors Préparateur d'Entomologie.

Les travaux des Vers à soie n'ont pas été négligés et on y a consacré plusieurs vitrines où sont exposés les cocons des anciennes races et ceux des espèces exotiques dont on peut chercher à tirer parti.

Les dégâts des Insectes nuisibles ont été réunis par M. Émile Blanchard avec l'assistance de M. Ch. Brongniart. Cette collection, qui occupe le quart de la grande salle d'Entomologie, se compose de bois attaqués par des Coléoptères, des Hyménoptères et des Termites.

Dans plusieurs autres vitrines sont groupés les nids des Termites français et exotiques.

De plus il a préparé et exposé les Crustacés du groupe des Cirrhipèdes.

Il a repris ensuite les Crustacés décapodes brachyures et macroures, préparant un grand nombre de ces derniers qui ne figuraient pas dans les collections, et plaçant les premiers dans de nouvelles cages vitrées plus en rapport avec l'aménagement général des nouvelles Galeries.

Ce travail a été long, difficile et minutieux et porte sur plus de mille échantillons qui occupent les trois quarts des vitrines de la salle d'Entomologie.

Il a en outre rangé dans des vitrines plates les collections de Crustacés fossiles et d'Insectes tertiaires qui ont été l'objet de travaux importants de MM. A. Milne-Edwards et Oustalet et qui n'avaient jamais pu être exposées.

Il existe non seulement des collections d'Insectes et de Crustacés desséchés et rangés dans des boîtes et des tiroirs, mais aussi de nombreux spécimens conservés dans l'alcool. M. Brongniart a remanié les collections d'Orthoptères. Plusieurs de ces Insectes, de familles différentes, étaient souvent mélangés dans un même bocal ; il les a séparés, ce qui a triplé en quelque sorte la collection.

Tous ces rangements ont été longs, difficiles et M. Brongniart s'y est consacré pendant deux années consécutives.

1891. — Envoyé en mission pendant quelques mois en Algérie, il y a réuni des collections d'Insectes de tous ordres pour le Muséum.

Rangement préparatoire des espèces du genre *Popilia*, Coléoptères de la famille des Mélolonthides.

1892. — Rangement de la collection des Orthoptères de la famille des Forficulides et des Mantides ; cette classification a décuplé la collection par suite de l'intercalation des espèces qui étaient en magasin.

1893. — Rangement préparatoire de plusieurs familles de Névroptères.

Organisation pour la partie entomologique de l'exposition des collections de MM. Dybowski, Rousson et Williems et Chaper.
La préparation de l'exposition des collections de M. Chaper a pris

un temps considérable, car il s'agissait de réunir ce que ce savant voyageur avait rapporté de ses différentes explorations depuis près de vingt ans.

Rangement méthodique par ordres zoologique et géographique de toutes les collections de Coléoptères encore contenues dans les boîtes.

Grâce à ce rangement, il est possible de trouver immédiatement les représentants des familles que l'on recherche, provenant d'un pays quelconque.

1894. — Rangement préparatoire des Coléoptères de la famille des Buprestes.

Organisation de l'exposition des collections de Coléoptères de la côte ouest de Java, données par M. J.-D. Pasteur.

1895. — Groupement des nombreuses collections de tous ordres et principalement de Coléoptères, reçues depuis 1893.

Depuis le commencement du mois de février 1895, M. Brongniart s'est occupé activement du transfert du Laboratoire d'Entomologie qui était situé rue Cuvier, 55, et qu'il a organisé, sous la haute direction de M. Milne-Edwards, dans les locaux qui appartenaient au service de l'Entomologie, rue de Buffon, 55.

*
* *

Enfin, depuis qu'il est entré dans le Laboratoire d'Entomologie, comme Préparateur et comme Assistant, M. Brongniart s'est occupé de la préparation de beaucoup d'arthropodes, de l'enregistrement des collections, de l'intercalation des espèces nouvelles dans les collections générales et de la comptabilité du service.

*
* *

En résumé, depuis dix ans, M. Brongniart s'est consacré au rangement des collections dans le Laboratoire d'Entomologie, dans les nouvelles Galeries de Zoologie et s'est livré à la publication de travaux qui ont contribué à faire connaître l'anatomie, les fonctions des organes et la classification d'un grand nombre d'arthropodes de classes différentes.

TABLE DES MATIÈRES

19749. — Libr.-Impr. réunies, rue Mignon, 2, Paris. — MAY et MOTTEROZ, directeurs.

19740. — Librairies-Imprimeries réunies, rue Mignon, 2, Paris. — MAY et MOTTEROZ, Directeurs.

www.ingramcontent.com/pod-product-compliance
Lightning Source LLC
Chambersburg PA
CBHW060626200326
41521CB00007B/915